非线性时变微弱信号处理与检测技术研究

FEIXIANXING SHIBIAN WEIRUO XINHAO CHULI YU JIANCE JISHU YANJIU

刘小洋◎著

重庆大学出版社

内容提要

非线性时变微弱信号（风切变和湍流）作为一种独特的气象信号，其信号建模与检测是一个技术难题，同时会对飞机等飞行器的安全产生严重威胁，故对其进行信号处理与检测、预警显得尤为重要。针对风切变、湍流的成因，同时由于此类气象信号会对飞行器的航行轨迹产生影响，从而会造成机毁人亡的严重后果。本书重点论述了非线性时变的气象信号处理、风场建模，其中包括对称风场建模与非对称风场建模与气象信号检测。全书共6章，主要内容包括风切变目标回波建模与仿真、湍流信号建模与检测、地杂波建模及抑制算法。

本书可作为电子信息类、计算机科学与技术类等专业的硕士、博士研究生专题研讨教材及从事微弱气象信号处理的业界从业人员的参考书。

图书在版编目（CIP）数据

非线性时变微弱信号处理与检测技术研究/刘小洋著. —重庆：重庆大学出版社，2017.3
ISBN 978-7-5689-0439-1

Ⅰ.①非… Ⅱ.①刘… Ⅲ.①信号处理②信号检测 Ⅳ.①TN911

中国版本图书馆 CIP 数据核字（2017）第042800号

非线性时变微弱信号处理与检测技术研究

刘小洋　著
策划编辑：曾令维
责任编辑：李定群　　版式设计：曾令维
责任校对：关德强　　责任印制：赵　晟
*
重庆大学出版社出版发行
出版人：易树平
社址：重庆市沙坪坝区大学城西路21号
邮编：401331
电话：（023）88617190　88617185（中小学）
传真：（023）88617186　88617166
网址：http://www.cqup.com.cn
邮箱：fxk@cqup.com.cn（营销中心）
全国新华书店经销
POD：重庆书源排校有限公司
*
开本：787mm×1092mm　1/16　印张：14.25　字数：192千
2017年3月第1版　2017年3月第1次印刷
ISBN 978-7-5689-0439-1　定价：48.00元

前言

非线性时变微弱信号(风切变和湍流)作为一种独特的气象信号,其恶劣气象会严重影响飞机的飞行安全,甚至会造成机毁人亡的空难事故。具有探测和预警风切变和湍流功能的气象雷达是飞机上重要的机载电子导航系统。高度小于600 m的低空风切变是飞机起飞和降落过程中遇到的主要恶劣气象目标。在这种情况下,由于气象雷达平台的运动和雷达主波束的下视照射,造成风切变目标回波信号很容易被地杂波所掩盖,对地杂波进行分析、建模、仿真和地杂波抑制算法的研究至关重要。本书围绕气象雷达风切变、湍流、地杂波等非线性时变微弱气象目标回波模型以及信号处理方法进行了深入研究,取得了若干重要的研究成果。

首先,建立了一种风切变风场的数学模型,并结合网格划分法分析了风切变雷达回波数学模型,在一定的风场范围内分别对非对称风场和对称风场进行了坐标转换和危险因子计算等仿真分析。仿真结果表明,风场模型能够较好反映风切变的基本特征,由此得到的风切变目标的速度谱分布可以反映风速的切变状况,且与模拟风场的径向速度分量有较好的一致性。

其次,结合 Von Karman 模型建立了空间三维湍流场模型,采用 FFT 三维对称性产生了湍流仿真数据,并提出了一种基于 FFT 的湍流信号处理算法。仿真结果表明,湍流的风速值只在相对较小的范围内沿一个方向变化,并表现出脉动特性。同时,提出的湍流信号处理算法能够较好估计出湍流风场的风速分布。在有因次情形下,湍流变化规律与无因次情形基本相同,但其波动幅度要大于无因次情形,仿真产生的湍流数据较好表征了湍流特征。

再次,建立了湍流检测的数学模型,在分析脉冲对检测方法的基础上,依据对数似然比准则,提出了一种新的湍流检测方法,运用 Monte Carlo 法对新方法的检测性能进行了仿真分析,并与传统方法进行了比较。仿真结果表明,新的湍流检测算法具有较好的检测性能,在两种虚警率和信噪比条件下,新的湍流检测算法的检测概率改善约为 49.26%。

最后,分析了气象雷达地杂波的功率谱特

性并建立了地杂波模型，分别研究了两种地杂波自适应抑制算法：LMS-ANC 算法和 LSL-ANC 算法，以风速误差、信杂比等参数对比分析了这两种算法与传统的 MTI 和 AMTI 算法的性能。仿真结果表明，本书提出的地杂波仿真算法可有效分析地杂波功率谱的分布情况，建立的地杂波模型能较好地符合地杂波谱特征。与 MTI 和 AMTI 算法相比，分别以风速误差和信杂比为对比参数时，LMS-ANC 算法和 LSL-ANC 算法对地杂波的抑制性能均有不同程度的改善，但运算时间要大于传统地杂波抑制算法。

本书受重庆市人社局博士后特别资助项目（Xm2015029）、重庆市科委基础与前沿计划研究项目（cstc2014jcyjA40007）、重庆市教委科学技术研究项目（KJ1500926，KJ1600923）基金资助。在此，作者表示诚挚的谢意。

感谢西北工业大学电子信息学院研究生创新实验室、重庆大学通信工程学院信息与通信博士后流动站的老师和同仁。

由于作者水平有限，书中疏漏和不足之处在所难免，望读者不吝赐教。所有关于本书的批评和建议，请发至作者邮箱：lxy3103@cqut.edu.cn。

著　者

2016 年 10 月

目录

第 1 章 绪论

1.1 引 言

气象雷达主要用于飞机在飞行中实时探测航路上的气象状况，可探索前方的非线性时变微弱信号（风切变、湍流等），是保证飞机飞行安全的重要机载电子设备之一。气象雷达是大气监测的重要手段，在突发性的灾害监测、预报和预警中具有极为重要的作用。因此，先进的气象雷达是飞机上必不可少的电子系统。随着航空事业，尤其是民用航空事业的迅速发展，航班密度日趋增大，低空风切变的探测与预警已被提到议事日程上来。历史资料表明，飞机在起飞、着陆的终端空域是空难事故的多发空域，而风切变（尤其是低空风切变）和湍流等突发性灾害天气，是造成空难事故的主要原因。据 FAA 统计，在美国死于风切变空难事故的人数占全美空难人数的 40%左右[1-3]。

风切变是一种大气现象，是指风矢量在水平和垂直方向的突变，其衡量标准是两点之间单位距离的风速矢量变化值[4-7]。风切变的主要成因有大气运动和地形环境因素两类。其中,大气运动主要包括雷暴、积雨云等强对流天气、锋面天气和辐射逆温型的低空急流天气等几类;地形因素主要包括山地地形、高大建筑物等几类。据统计,对飞行安全危害最大的风切变类型为微下击暴流,是一种特别强的下降气流。经大量研究表明,低空微下击暴流是风切变中最危险的。微下击暴流是一股小而强烈的下冲气流冲到地面附近便在所有方向上产生水平外翻的气流[8-10]。微下击暴流的存在时间十分短暂,只有几分钟,可分为湿(降雨量大)和干(降雨量小)两种类型。不论着陆还是起飞的飞机,碰到微下击暴流都是一个严重的问题。因为飞机还在低空,飞行速度又只比失速速度快约 25%。微下击暴流接近地面时形成一股强冷下冲发散气流。飞机一开始先碰到加大迎角的逆风,结果升力增大,使得飞机高出预定的飞行路线。飞行员为补偿这一航线偏离可能会减小推力。但是,当飞机进入微下冲中心时,逆风的消失和随之而来的强下冲气流都会使飞机迅速向地面坠落,这两个因素给飞机的操纵带来较大困难,这时想完全避开危险区域已不可能了。风切变是导致飞行事故的大敌,特别是低空风切变。国际航空界公认低空风切变是飞机起飞和着陆阶段的一个重要危险因素,被人们称为“无形杀手”。有资料表明[11-20],在 1970—1985 年的 16 年间,在国际定期和非定期航班飞行以及一些任务飞行中,据不完全统计,至少发生过 28 起与低空风切变有关的飞行事故,绝大多数都发生在飞行高度低于300 m 的起飞和着陆阶段,其中尤以着陆为最多。在 28 起飞行事故中,着陆占 22 起,约占 78%;起飞为 6 起,约占 22%。在这 28 起飞行事故中,现代中、大型喷气运输机的风切变飞行事故比重较大,其中,DC-8 和 B7O7、727 等飞机占了绝大多数。1991 年 4 月 25 日,南方航空公司 B757/2801 号飞机在昆明机场进近中遇到中度风切变,飞机着陆严重受损。2000 年 6 月 22 日,武汉航空公司运货飞机在武汉王家敦机场进场中遇到雷暴云,受微下击暴流影响坠地失事。2004 年 9 月 12 日 20 时 30 分左右,从长沙飞往上海的 MU5302 航班,在即将降落时遭遇气流,飞机剧烈颠簸,致使机上 8 名旅客及机组人员受伤被送往医院救治。专家呼吁上海空港应安装预警激光雷达为飞行安全上保险。2004年5月19日的10时2分30秒,据民航部门介绍,阿塞拜疆失事货机的黑匣子仍完好存在失事货机的机身后面。据介绍,飞机起飞前在100 m以下有低空风切变。大量的事实表明,低空风切变是飞行的"无形杀手",过去因低空风切变造成了严重的生命和财产损失,世界各国加强对风场的监测。因此,建立全天候的低空风切变测试系统,既可保证航班起飞和降落的安全,减少飞机和乘客的生命和财产损失,又能够缩短飞机起降间隔,从而增加机场的运输能力,具有显著的社会效益和经济效益,其意义重大。

湍流是指在一定区域内大气中微粒的速度方差较大的气象目标,是大气的一种剧烈运动形式[11-12]。湍流相当于风矢量在风矢量均值两侧进行的方差较大的无规则波动,因此,检测的不是气象目标的绝对速度,而是目标内包含的粒子的速度分布。速度分布越宽,则整个目标内的气流波动越大,因此湍流又称大气乱流。湍流通常发生在大气底层的边界处、对流云的云体内、对流层的上部等几个区域[13-15]。主要包括飞机尾流、热力湍流和动力湍流3种,飞机尾流显然就是由于大型飞机的尾流所造成的大气湍流,热力湍流就是指由于大气温度在垂直面上的不一致造成的空气对流,而动力湍流则是风遇到变化的地形等阻碍时所造成的大气波动。

要产生湍流则目标周围的气团需要满足一定的条件,主要包括热力学和动力学两个方面,即空气层必须具有不稳定性,尤其是大气温度随着高度下降增大的情况下特别容易造成大气的垂直对流,进而产生湍流;对于动力学方面,空气团中需要具有明显的风速的切变,强烈的湍流常伴随着雷暴,在雷暴区垂直剖面的中部湍流强度最强,在雷暴的外侧边缘也可能存在湍流。一般湍流分为晴空湍流和湿性湍流两大类。

湍流对飞行最主要的危害就是剧烈的大气波动会造成飞机的颠簸,影响飞行的舒适性,在严重的情况下也会造成飞机的仪表失准,进行使飞行员失去对飞机的控制能力,导致飞机失事。轻度的湍流会引起飞机的颠簸,影响乘客的舒适性,造成客舱内饮料的泼洒、乘客摔倒等后果,这种情况下一般会提前通知乘客不要离开座位并系好安全带[16-23]。对于由飞机尾流产生的湍流,如果其他飞机不慎进入尾流区,会出现飞机的抖动、发动机失控等严重后果,不过这种类型的湍流一般对体积较小的战斗机影响较大。不慎进入前方飞机的尾流区会致飞机的仪表失准,甚至会使飞机坠毁,不过对于大型的民用运输机一般都会保持飞机之间的尾距,从而避免这种湍流的危害。高空的晴空湍流一般强度很大,对飞机造成的颠簸会很严重。

气象雷达的主要任务是获取气象目标信息,其信号处理系统的首要任务是干扰抑制和信号检测。由于气象雷达所面临的地杂波环境通常是错综复杂的,它不仅随不同的地理位置而不同,还会因为在不同的时间里天气的变化而不同[24-30]。为了能在地杂波中对气象目标信号进行有效的检测,需综合运用现代信号处理的各种方法,研究气象雷达信号检测的新概念、新机理,提出新方法、新技术。对气象雷达地杂波的研究自然是其中的一个重要的环节,且已经越来越受到人们的重视。高度小于600 m的低空风切变是飞机起飞和降落过程中遇到的主要恶劣气象目标,这种情况下,由于气象雷达平台的运动和雷达主波束的下视照射,造成风切变等气象目标信号容易被地杂波所掩盖,因此,对地杂波进行分析、建立准确的杂波统计模型以及相应的仿真方法和抑制算法显得至关重要。

在低空中,由于地杂波信号的强度一般要超过气象目标信号,并且地杂波功率谱常常接近于气象目标,同时还受到气象雷达设备参数的影响,这些因素增大了雷达对地杂波的处理难度。

1.2 研究背景及意义

恶劣的气象是飞机失事遇难的重要原因之一。据统计表明,自 20 世纪 70 年代以来,由微下冲暴流风切变和湍流造成的飞行事故共千次以上。低空风切变较多发生在飞机起飞或着陆阶段。安全是民航的命脉,随着我国民航事业的迅速发展,航班密度日趋增大,低空风切变的探测与预警已被提到议事日程上来。为确保飞机在起飞和着陆阶段的安全,研制气象雷达低空风切变和湍流探测技术属于一个重要的研究课题。

气象雷达的基本特点之一是在频域——时域存在着分布相当宽广和功率非常强的背景杂波中检测出有用的信号。这种背景杂波通常被称为脉冲多普勒杂波,其频谱密度是多普勒频率——距离的函数。当考虑雷达的噪声和其他干扰时,信杂比很小的目标回波可能被淹没在强的杂波背景中。杂波频谱密度的形状和强度决定着雷达对具有不同多普勒频率的目标检测能力。

湍流和风切变流场建模以及雷达回波信号仿真,是验证风切变雷达信号处理以及杂波抑制技术研究的前提。由于风切变和湍流现象属于小概率事件,其存在时间只有短短几分钟,且不具备重复性。依靠现场试验的方法进行研究,不但成本很高,而且危险性相当大。因此,研究可模拟真实湍流和风切变天气变化规律的仿真方法成为风切变雷达研究中的关键技术。准确而有效的风场模拟算法将有助于缩短风切变雷达的研制周期,节约研究费用。湍流和风切变目标回波信号模拟算法可通过方便、灵活地设定各类参数,模拟出各种情况下风切变和湍流场的风速真实分布情况,为雷达信号处理系统的设计提供良好的实验基础。

由于气象雷达平台的运动和雷达主波束的下视照射,造成目标信号很容易被强地杂波所掩盖,因此,对地杂波进行分析,建立准确的杂波统计模型以及相应的仿真方法显得至关重要。一方面可为雷达模拟器提供逼真的杂波环境模型;另一方面也有助于雷达杂波对消器的设计和实现,从而提高气象雷达抑制杂波能力,进而提高探测性能。因此,气象雷达环境特性的研究,对提高气象雷达性能有着十分重要的意义。

通过对气象雷达回波信号特性与信号处理研究,可为今后气象探测性能验证技术奠定基础,同时也为飞行环境监视系统气象雷达模块研制技术作储备。

1.3 国内外研究现状

1.3.1 风切变目标建模与仿真

风切变是指大气中一段很小的距离内,风速、风向单独或两者同时发生急剧变化。ICAO 于 20 世纪 70 年代中已提出将风切变目标建模与探测研究列为重点研究课题。在美国由 FAA,NCAR,USAF,NASA 等政府部门和研究单位,均投入了大量的经费人力开展该课题领域的系统研究。其中,以联合机场气象研究计划(JAWS),微下击暴流及强风暴研究计划(MIST),以及对流形成和下击暴流实验计划(CINDE)等系统研究最有代表性。以上研究成功地取得了切变风场的形成演变和在该气象环境下飞行控制的动态性能,以及大量的外场观测数据。在以上系统研究的基础上,FAA 于 1985 年推出了"联邦航空局风切变一体化规划",从而较系统地提出了在风切变环境下,保障飞行安全的基本设施。多年来,除美国外,还有英国、法国、日本、澳大利亚及俄罗斯等国家也都投入大量的人力和经费开展低空风切变方面的研究。美国联邦航空局在纽约已成功地研制成一部风切变告警雷达。该雷达是一部多普勒 C 波段雷达,可全自动探测和告警显示机场周围的恶劣天气,防止风切变造成的危害和微暴现象。

微下击暴流是雷暴天气中强烈的下沉气流撞击地面形成并沿地表传播的具有突发性和破坏性的一种强风。目前,针对下击暴流的风场建模主要有风场实测、实验室物理模拟、理论研究和数值模拟 4 种方法[15-20],风场实测和实验室物理模拟成本较高,且数据有一定特殊性,通过流体力学的控制方程对微下击暴流进行仿真,计算出三维风速矢量,比二维的简单拟合更符合实际,且实验成本低,周期短,得出的数据具有一般性,便于参数分析,为微下击暴流的研究提供了新的途径。在国外,首先是 Selvan

等研究了微下击暴流的风场特性，Hjelmfelt 根据微下击暴流的实测结果，给出了典型微微下击暴流的风速剖面，随后 Wood 等使用二维模型研究了微下击暴流越过山顶的风速变化过程，Hangan 等利用雷诺平均应力模型研究了微下击暴流的风场特征[21-30]。

在过去的 20 多年里，美国 NASA（国家宇航局）、FAA（联邦航空局）、Collins、Alliedsignal、Westhouse 等科研单位和生产厂商进行了大量的研究和试验，基本搞清了低空风切变的本质，揭示了它们影响飞行安全的机理，提出了对抗策略，研制出了包括红外、激光和微波雷达在内的多种探测设备。目前，机载前视风切变探测、告警系统主要有 3 种：红外辐射系统、微波多普勒雷达系统和激光多普勒雷达系统。基于多普勒雷达特性的风切变预警技术，成为气象雷达研制的核心，相关领域的模拟仿真以及信号处理方法是气象雷达生产制造的前提条件，具有重要的意义。

工作在 X 和 C 波段的多普勒气象雷达可探测风切变，方法是测定从大气中的雨、冰或其他碎片散射回来的回波，因其波长较红外和激光长许多倍，而受大气的影响又小得多。目前，战斗机和客机上都装有波长3 cm 的气象雷达，性能先进的气象雷达利用多普勒效应探测湍流，经改进后可用于探测风切变，这样便不存在再装机的问题。改进型多普勒气象雷达可稳定地探测风切变，其探测距离也较激光雷达和红外探测器远，从而机载多普勒风切变探测雷达具有前视雷达的全部优点，因而得到大力发展。1992 年亚洲航展上，经改进过的具有前视式风切变探测性能的 RDR-4B 型气象雷达成为人们极为关注的热点。用于民航班机及军用运输机的新一代气象雷达能为着陆的飞机提供 90 s 的微下冲暴流及风切变的预警时间，风切变探测电路是在一定的高度上自动地接通的。

近些年来，飞机动力学研究结果表明，对待低空风切变的最好方法是尽早发现尽早回避，因而当今该领域的研究的热点逐渐集中于“低空风切变探测告警与回避技术”，其重点是探测技术，最终目标的是：研制出以最大限度满足尽早发现风切变现象的机载系统。加强机载风切变探测、告警、回避系统的开发，可减轻和避免风切变的危险。当然，回避是最好的防御,因某些强低空风切变是现有飞机的性能和飞行员的驾驶水平所不能抗拒的,故当判定有较强低空风切变时,应尽量避开,也正因为这样,机载前视风切变雷达的研究就显得更加重要。

20 世纪 70 年代末,国内也开展了对机载前视风切变的技术的研究,但至今还处于预研阶段。1979 年空军航空气象研究所开展了对低空风切变的研究,收集了北京、上海、南京等地区的塔层风资料,并进行了统计处理。1989 年年末,在原航空航天工业部有关领导的倡导下,召开了第一次机载风切变探测系统研究会,并于 1990 年 2 月成立了机载低空风切变探测与回避技术研究课题组,全面规划了我国低空风切变设备的发展研究工作。针对这种情况,我们有必要加大对前视风切变气象雷达系统中关键技术的研究力度,立志于在该项技术的研究中取得独立知识产权的成果,以较短的时间赶上和超过发达国家的当前水平。对风切变目标建模与仿真进行相关研究的国内机构还有北京航空航天大学、电子科技大学、国防科技大学、西北工业大学、西安电子科技大学、中国民航大学以及中航雷达与电子设备研究院等。

1.3.2 湍流建模与检测

湍流是指在一定区域内大气中微粒的速度方差较大的气象目标,是大气的一种剧烈运动形式。最早对湍流研究做出重要贡献的是 O.Reynolds,他从欧拉的观点出发,将流体动力学中的纳维-斯托克斯方程进行时间平均处理,导出了流体的时间平均运动方程,引入了雷诺应力,并提出了湍流存在的判据——雷诺数。目前,国内外对大气湍流已进行了相当多的研究。国外主要有美国、俄罗斯、英国、法国、以色列等国家已经取得了长足进展,其中以美国、俄罗斯的发展最为突出和全面,美国、欧洲空间中心(ESA)已致力于光波(束)在湍流大气中(地空、空空)路径传输问题研究。国内的中国科学院大气物理研究所中层大气和全球环境探测开放实验室,以及北京大学地球科学学院、电子科技大学等单位在此领域也进行了较多的研究。

从20世纪70年代初开始发展起湍流的直接数值模拟方法(Direct Numerical Simulation,DNS),湍流直接数值模拟就是不用任何湍流模型,直接数值求解完整的三维非定常的N-S方程组,计算包括脉动运动在内的湍流所有瞬时流动量在三维流场中的时间演变。DNS的优点是突出的,如出发方程可认为是完全精确的、不包含任何人为假设或经验常数、能提供每一瞬时三维流场的完整详尽的流动信息,包括许多迄今还无法用实验测量的量、可研究湍流的流动结构、可描写湍流中各种尺度的涡结构的时间演变,辅以计算机图形显示,可获得湍流结构的清晰与生动的流动显示。DNS的主要缺点是要求用非常大的计算机内存容量与机时耗费。由于流动的高对称性,实际所用的内存与机时比一般周期性流动可节省192倍。如此规模的直接数值模拟计算目前也只限于在少数大国的个别研究中心才能进行,其中世界最大的中心在美国NASA研究中心与Stanford大学合办的湍流研究中心。由于最小尺度的涡在时间与空间上都变化很快,为能模拟湍流中的小尺度结构,具有非常高精度的数值方法是必不可少的。目前,国内外主要有谱方法、近似谱精度的样条函数方法、高阶有限差分法这3种方法来实现这种数值模拟。谱方法,简单说来就是将所有未知函数在空间上用特征函数展开。B.Etkin研究了湍流对飞行的影响,用随机湍流描述空气的连续不规则运动,它包含了一些统计特性如均匀性、各向同性,时间和空间尺度,概率分布,相关和频谱。用于飞行仿真的大气紊流模型被公认的是Dryden模型和Von Karman模型。湍流仿真最常用方法是滤波白噪声,即用过滤高斯白噪声产生紊流,选用成形滤波器的形式和参数去匹配所需要的频谱和强度。在一维湍流序列的仿真中可用这种方法满足大气湍流的大多数特征,生成湍流序列可适用于单个飞机的湍流飞行仿真。

对湍流检测最常用的是傅里叶变换(FFT)法和脉冲对处理(PPP)法;傅里叶变换(FFT)法主要是一种对多普勒信息的提取方法,可以通过对回波信号进行傅里叶变换得到其频谱分布,进而导出平均多普勒频移和谱宽。风场多普勒雷达为了获取各个不同距离上的多普勒频移的信息,采用了脉冲多普勒体制,因此对某一距离上的返回信号是离散的。为提高计算速度需要采用快速傅里叶变换,运用这种方法来处理气象目标回波信号称为 FFT 方法。脉冲对处理法就是通过对风场回波采样序列的相关函数(或协方差函数)进行处理来估计谱矩的方法。该方法最初由 Rummler 提出,后经 Miller, Rochwarger, Berge, Zrnic 等人的研究和完善,现已得到广泛的应用,从而成为气象雷达的重要信号处理方法。

20 世纪 90 年代末,美国 NASA 和 FAA 对湍流特性制订了相应的研究计划[132-140],该计划通过气象雷达等子系统探测收集的机场周围温度、湿度、风场等气象数据,建立湍流特征模型来有效预测湍流,并建立自动涡旋间隔标准系(AVOSS)以便空管人员动态调度管理。欧洲空中航行安全组织(EUROCONTROL)也相继开展多项湍流研究工作。在湍流检测方面,比较常用的是利用脉冲对方法和快速傅里叶变换法来对湍流,以及后来的模式分析法和双峰谱模型法。国内的中国民航大学利用统计学中的置信度来对湍流检测门限进行确定。对湍流建模与检测作出突出贡献的国内机构主要包括西安电子科技大学、国防科技大学、西北工业大学、北京航空航天大学、中国电子科技集团三十八所等。

1.3.3 地杂波建模与抑制

地杂波是指气象雷达下视工作时,天线波束照射区内地面散射体的回波通过天线进入接收机而形成的一种地杂波。目前,利用统计模型仿真相关雷达杂波的方法,较有代表性的主要有球不变随机过程法(Spherieally Invariant Random Proeesses, SIRP)、无记忆非线性变换法(Zero Memory Nonlinearity, ZMNL)以及随机微分方程法(Stoehastic Differential Equations, SDE)[80-85]。SIRP 模型属于外生模型(exogenous),能够独立控制序列的概率密度函数和协方差矩阵。在相关雷达杂波仿真中,可用 SIRP 法仿真相关瑞利、韦布尔和 K 分布地杂波。它的缺点是受所需仿真序列的阶数及自相关函数的限制,因此,当所需仿真序列较长时,计算负荷很大,不易形成快速算法。SIRP 法在国内受到的关注不多,基本上停留在基本原理的理解上。ZMNL 法可实现用于描述雷达地杂波的几种常用分布的仿真,但其应用受到功率谱形状等因素的制约。由于它易于实现且在相关高斯序列产生以后,速度较快,是目前在相关雷达杂波仿真中最引人注目的方法,并已得到广泛应用。国内也有关于 ZMNL 法应用的报道。SDE 法没有 SIRP 法和 ZMNL 法流行[186-190],在国内少有人提及,国外对这一方面的研究也不多,且主要用于通信系统中干扰的仿真。根据 SDE 的理论,它可通过相关时间来控制序列的相关性,同样适用于相关雷达杂波的仿真。SDE 法实际上是一个非线性自回归模型,具有产生速度相当快的优点,但这种方法对概率密度函数有一定的限制[191-200]。

由于地杂波大多是分布性的,具有大的体积,因此,对于气象雷达来说,在设计的时候必须充分考虑地杂波所带来的影响,并采取妥善的措施以保证气象雷达的性能。地杂波是一种连续分布杂波,它对机载雷达影响较大。由于遮蔽作用,并且可能存在偶然的强反射体,因此,地杂波的总体统计特性是非瑞利型的。这种情况下,对数正态分布和韦伯尔分布都获得广泛的应用。假若不考虑强反射体,那么在任何一个被雷达所照射到的距离单元内,地杂波振幅的统计特性往往是瑞利分布的。因此,一旦距离单元内的雷达平均截面积已知,地杂波模型便确定了。气象雷达的性能与非均匀地面杂波的特性密切相关。因此,在模拟时就有必要在地杂波模型中包含非均匀特性。对气象雷达而言,建立精确的地杂波的确定性模型必要性不大,可以建立一个假想的模型,该模型包含那些非均匀特性,并常采用对数正态分布函数来描述雷达截面积的空间起伏。国内外有大量有关后向散射特性的研究[80-82],许多研究部门根据各自的测试数据提出了很多散射系数与入射角的关系模型,比较有代表性的模型有现代雷达理论中普遍应用的常数 γ 模型、修正的地面散射模型等[83-85]。在雷达系统模拟中,可根据实际情况适当选取合适的散射模型。根据人们对地杂波统计特性的研究,地杂波的幅度分布特性可用一些数学模型来描述,最常见的有瑞利(Rayleigh)分布、对数正态(Lognormal)

分布、韦伯尔(Weibull)分布以及 K 分布[86-89]。

地杂波是随机起伏信号,其功率谱特性可用功率谱密度或者自相关函数来表示。

对于气象雷达,由于雷达处于运动平台上,地面上静止不动的景物相对于雷达有径向速度,再加上雷达波束指向以及雷达高速掠过的地形不断变化,地杂波的谱会显著变化,即使雷达高速掠过的是均匀平原地带也使机载雷达的杂波功率谱分布非常复杂。根据气象雷达地杂波的变化,通常将其分成主瓣杂波、旁瓣杂波与高度线杂波 3 部分。求解机载雷达地杂波功率谱的方法很多,如连续波近似法、H-R 法[90-98]等。其地杂波功率谱示意图如图 1.1 所示。

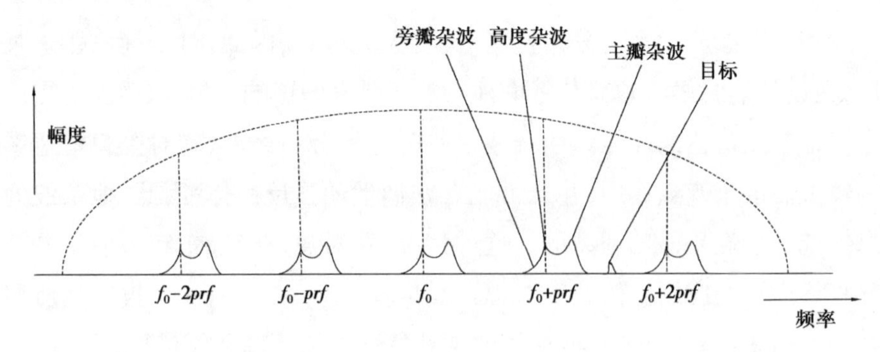

图 1.1 机载雷达地杂波功率谱

对于地面固定的多普勒(PD)雷达而言,它的地杂波功率谱密度函数是处在发射信号频率上的单一谱线(经过距离门和窄带滤波后)。在 PD 雷达处于运动的情况下,如具有下视特点的机载 PD 雷达,当该雷达相对地面以速度 V_R 运动时,杂波频谱就被这种相对运动速度所展宽,并且多普勒频谱的范围处在相应于雷达运动速度的多普勒频率的正边和负边。

气象雷达地杂波模型从系统仿真角度来分主要有地杂波功率模型和相干地杂波模型两种,地杂波功率模型是对杂波平均功率的一种描述。该模型实现的基础是雷达距离方程,进一步由信杂比、目标和杂波的统计特性可得出雷达目标发现概率或虚警概率,它对系统大规模的仿真和某些实时仿真用途较大,但这种模型被雷达和地面的几何关系限制,不能仿真实际气象雷达要进行的整个检测过程,相干地杂波模型利用了地杂波的相位,包含了有关雷达环境的全部信息,比前者复杂得多,实现较为困难,但是因为它能仿真实际雷达要进行的整个检测过程,因此相干地杂波模型是雷达信号级仿真所必需的,机载雷达杂波模型有不少文献研究过[116-126],但任意姿态下的机载雷达地杂波模型却很少提及。雷达地杂波的研究经过长期发展,目前常用的地杂波模型有 3 种:第一,描述地杂波的幅度统计分布模型和杂波功率谱的统计模型,目前应用较广的有对数正态分布、韦伯分布和 K 分布[201-210]。第二,描述地杂波散射单元的机理模型,属于地杂波雷达截面积的理论分析范畴,如组合表面模型,但一般只针对特定地貌。第三,描述地杂波后向散射系数与雷达工作频率、极化和环境参数等相关物理量依赖关系的模型,主要有常数 γ 模型,用于气象雷达下视情形,描述了后向散射系数与角度的关系。

根据机载气象地杂波的特点,最初的地杂波抑制技术是针对地杂波多普勒频移和频谱展宽分别进行的。补偿地杂波多普勒频移的主要方法是杂波锁定,其典型代表是时间平均相干机载雷达技术(TACCAR)和自适应 AMTI 技术[210-215]。TACCAR 是麻省理工学院;林肯实验室提出的杂波多普勒频移补偿方法。它通过对一段距离在几个脉冲重复周期的回波采样测得杂波的平均中心频率,并采样锁相环控制相干振荡器频率,这样回波的多普勒频移被消除。TACCAR 的缺点是其测得的是杂波平均多普勒频率,而机载雷达各距离单元的多普勒频移是不同的。因此,为了取得更好的效果,需要多个杂波测量和跟踪系统,以对应不同的距离单元。由于机载雷达杂波频谱具有很强的空时耦合性,空时二维联合处理将取得很好的杂波抑制性能。L.E.Brennan 于 1973 年提出了空时二维自适应处理(STAP),并导出了最佳处理器结构。为了补偿机载雷达平台运动引起的杂波多普勒频谱展宽,F.R.Dickey 和 D.B.Anderson 等人提出了相位中心偏置天线(DPCA)方法。对气象雷达地杂波的抑制,目前国内多采用自适应滤波算法和非相参 MTI 对消器,其中自适应预测误差滤波器的频率响应为输入杂波功率谱的倒置,频率响应能够随着地杂波的变化改变。

自适应算法分为两类:一类以最小均方误差为准则,另一类以最小二乘误差为准则[215-223]。n 次对消器的基本实现是通过一定的延迟手段使 n 个连续回波脉冲信号延迟加权相加。通过比较不同阶次的频响特性和抑制效果,可选择最适合滤除地杂波同时又保持目标信号的 n 值。

国内一些高校和研究院所对气象雷达的地杂波建模与抑制方面也多了很多的研究工作,如电子科技大学、西安电子科技大学、中电十所等。例如,电子科技大学对 DPCA 方法作了多年的研究,并将 DPCA 杂波补偿方法应用于某型机载雷达的主杂波抑制系统中,取得了较好的效果,西安电子科技大学重点研究了 STAP 及其简化,取得了丰硕的成果,并相继提出了一系列 STAP 简化算法和实用处理机构。此外,清华大学、中电十四所也做了大量的地杂波建模与抑制方面的工作。

1.4 相关技术研究动态

1.4.1 风切变探测与预警

风切变(Wind Shear,WS)是气象中一种独特的现象。它是指大气中一段很小的距离内,风速、风向单独或两者同时发生急剧变化。经大量研究表明,低空微下击暴流是风切变中最危险的,微下击暴流是一股小而强烈的下冲气流冲到地面附近便在所有方向上产生水平外翻的气流。微下击暴流的存在时间十分短暂,只有几分钟,分为湿(降雨量大)和干(降雨量小)两种类型。回波强度大于 25 dBZ 的小区猝发性气流可视为湿性,而反回波强度小于 20 dBZ 的则视为干性。湿性小区猝发性气流的回波强度高,所以在评估各种探测算法时就非常简单[31-42]。干性小区猝发气流则要求比较成熟的信号处理技术,因为此时基本反射流(雨滴等)对雷达能量的反射率极低。典型的湿微下击暴流中心区雨反射率为 60 dB;外流区雨反射率为 10 dB 到 40 dB。而干的微下冲暴流,中心区雨反射率只有 20 dB 到 30 dB,外流区雨反射率则更小,只有-20 dB 到 5 dB。微波雷达只能在一定的信噪比条件下检测和处理信号[43-67],因此,太低的雨反射率即太干的微下冲暴流,微波雷达就无能为力了。不过,据 1982 年夏天在丹佛做的试验得的微下击暴流中,雨反射率在 20 dB 以上的占 93%。低空风切变常指高度 600 m 以下风向风速突然变化的现象,其类型及其时空尺度特征见表 1.1[68]。航空气象上,根据风场的结构,风切变主要可由 3 种基本情况来表示:水平风的垂直切变,水平风的水平切变和垂直风的切变。在实际大气中,这 3 种风切变既可以单独存在并影响飞行,也可综合并存以影响飞行。根据飞机相对于风矢量间的不同情况,又可把风切变分为顺风切变、逆风切变、侧风切变及偏风切变 4 种形式。低空风切变的尺度和强度与产生风切变的天气系统和环境条件密切相关,而且对飞行的影响程度也不相同。

表 1.1　低空风切变的类型及其时空尺度特征

类　型	空间尺度	时间尺度	危害程度
微下击暴流	水平范围小于 4 km	几分钟到十几分钟	大
下击暴流	水平范围达 4~30 km	几十分钟	大
雷暴阵面锋	水平范围达几十千米	几十分钟到几小时	大
锋面天气	水平范围达几百千米	几十小时	中
低空急流	水平范围达几百千米到几十千米	几小时	中
地形	水平范围达几百千米到几十千米	几小时	中
辐射逆温	垂直范围达几百米到几千米	几小时	中
障碍物	水平范围达几百米到十几千米	几分钟到几小时	小

在对低空风切变探测系统的研究过程中,首先要解决的,也就是最基本的问题是建立一个能比较真实地反映风场及有关物理特性的大气背景模型,即变化风场。最典型的切变风场是由下冲气流引起的。所建立的

模型应该是具有既可大致模拟微下击暴流又十分便于整套探测系统仿真研究的特点。微下击暴流，指小范围内的一股强烈的下冲气流，近地时因撞击地面而产生的外向发散气流。图 1.2 是飞机着陆过程中遭遇风切变示意图。

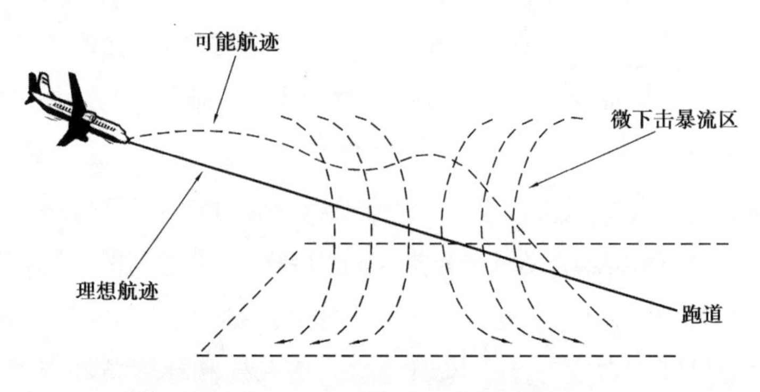

图 1.2　飞机遭遇风切变示意图

风切变雷达信号处理主要是从雷达回波中提取回波功率、多普勒风速、谱宽等风切变特征参数用以判断风切变的存在以及其危险程度，多普勒风速是其中最重要的参数。雷达回波通常包括雨回波，地杂波和离散目标回波，风切变雷达信号处理的一个重要问题就是关于杂波的处理，杂波主要包括地面上静止与运动的物体以及空中运动目标(如鸟或另外的一架飞机等)的反射回波[81-90]。风速估计试图从大量的回波目标的运动特性中识别出风场的运动特征。低空风切变雷达在飞机起飞和着陆阶段探测风切变的存在，此时飞机离地面高度很低，地杂波回波功率相当强，是最主要的干扰信号，风速估计首先要排除地杂波的影响，常用的平均风速估计算法(如脉冲对处理(PPP)法)与快速傅里叶变换(FFT)法都是通过首先对地杂波进行抑制后再进行风速估计的，地杂波信号可看作位于零多普勒速度附近的窄带信号，通常的杂波抑制滤波器是陷波器，滤波器研究的重点是提高平均风速估计器的性能，尽量在滤掉地杂波同时使目标回波不受影响。不滤除地杂波得到风速估计的方法主要有模式分析法和双峰谱模型法。模式分析法是利用一定的方法对所有的回波源进行建模，然后进行模式的识别，得到风速的估计；双峰谱模型法是对回波信号分类建模的方法[91-100]。

研究风切变雷达信号处理方法的目的,就是为了定量描述飞机遭遇风切变时的危险程度。因此,危险因子应当能够与可靠的探测大气状况呈现一种函数关系,并且可用来测量飞机的性能,从而可以预测飞机航线上的安危。得到广泛承认的一种衡量风切变危害的尺度是 *F* 系数,称为危险因子。它是在飞行力学基础概念和已知风切变知识的基础上推导出来的,与飞机的质量和推力无关的一个指标。

1.4.2 大气湍流检测

湍流是一种气流运动,肉眼无法看见,而且经常不期而至。引发湍流的原因可能是气压变化、急流、冷锋、暖锋和雷暴,甚至在晴朗的天空中也可能出现湍流。湍流并非总能被预测出来,雷达也发现不了它[92-110]。对气象雷达而言,湍流是指微粒速度偏差较大的气象目标,该定义与微粒的绝对速度无关,而与微粒速度的统计标准偏差有关。速度的偏差可理解为速度的范围或频谱,频谱越宽,湍流越大。在湍流区域中,气流速度和方向的变化都相当急剧,因而不仅会使飞机颠簸,而且会使机体承受巨大的作用力,对飞行安全十分不利。因此,飞机总是十分小心地避免进入湍流区域。

根据美国联邦航空局(FAA)的数据,湍流是导致机上非致命伤害的主要原因,但通常是因为乘客或机组人员没有系好安全带。虽然湍流可能导致严重的头部撞击,但通常不大可能致命。据美国联邦航空局统计,从 1980 年到 2012 年 6 月,美国的飞机总共发生 200 多起起湍流事故,导致数百人伤亡[111-120]。

湍流可能夹杂有雨粒,也可能不夹杂雨粒。前者可称为湿性湍流,后者可称为晴空湍流。目前,只有湿性湍流能被气象雷达有效探测。根据湍流速度偏差大小,可将湍流分为轻度、中度和严重湍流。通过航空营运的实践,国际民航界把湍流的报警门限近似定位 5~6 m/s。这大体上相当于中度与轻度湍流的分界线[121-28]。

湍流是根据雨粒的速度偏差来定义的,只有能够产生十分稳定的相参发射信号的雷达才可能具备湍流检测能力。湍流中雨粒的相对速度偏差越大,信号的多普勒宽度就越宽。因此在机载多普勒气象雷达中,可通过比较所接收到的信号的多普勒频谱的宽度来检测湍流目标。

对湍流信号检测的方法除了比较常用的 FFT 法和 PPP 法,最近发展起来的还有模式分析法和双峰谱模型法等。PPP 法和 FFT 法是平均风速估计器,仅能对回波信号提取单一的速度参数,也就是说雷达回波信号包括一个以上的主要回波源时,PPP 法和 FFT 法估计的风速就只能是所有的回波源速度的平均。而模式分析法不同于这两种传统算法,它试图对雷达回波信号进行建模,以确定所有主要的回波源。模式分析法首先对每个回波源进行确定,然后再分别将其归类为风场回波或杂波回波,从而得到风场回波信号的速度。模式分析法应用了二阶扩展 PRONY 方法,利用 AR 模型产生数据,计算出极点进而对极点模式进行判别,从而得到风场极点对应的速度。模式分析法主要包括两部分:回波数据的分析和极点模式的判别。

双峰谱模型法是一种对回波信号分类建模的方法。针对雨回波和地杂波回波的频谱特点,这种分布模型被提出,该模型可直接用来进行风切变参数估计,而不需要对地杂波进行预滤波。这样跟传统算法相比,既减少了工作量,同时也能有效地避免地杂波对风切变参数提取的影响。多普勒雷达的回波能量的主要来源集中于风场回波和地杂波回波,因此,只需要对这两种主要谱成分进行建模。

1.4.3 地杂波建模与抑制

气象雷达的基本特点之一是在频域——时域存在着分布相当宽广和功率相当强的背景杂波中检测出有用的信号。这种背景杂波通常被称为脉冲多普勒杂波,其频谱密度是多普勒频率——距离的函数。当在考虑雷达的噪声和其他干扰时,信杂比很小的目标回波可能被淹没在强的杂波背景中。杂波频谱密度的形状和强度决定着雷达对具有不同多普勒频率的目标的检测能力[133-147]。

地杂波比较复杂,具有以下特点:

①雷达照射区域范围大,地杂波功率强且会影响目标的检测。

②地杂波单元相对于载机有不同的径向速度,地杂波频谱会大大展宽,影响了雷达的低速目标检测性能。

③由于地杂波随着载机运动而变化,地杂波过程将具有非平稳的特点。

④杂波多普勒频率与载机速度和天线扫描方向具有对应关系。

由此可见,地杂波严重影响了雷达的目标检测性能,要想从极强的杂波背景中检测和识别目标,杂波抑制便成为气象雷达信号处理必须首先要解决的问题。因此,研究地杂波的模型及其抑制方法显得至关重要。

由于地杂波的一些主要散射特性影响着对目标的检测和跟踪性能。因此,对地杂波模型是否具有精确性、通用性以及灵活性是衡量其性能的重要指标。地杂波的数字模拟对于测试雷达性能以及雷达系统的设计、分析以及测试都具有重要的意义。对于以杂波为主的雷达复杂背景及其信号处理方法的研究,雷达工作者已经作出了许多大量深入、细致的工作,但是仍然存在许多问题,主要表现在:

①形成杂波的物体种类较多,散射机理各不相同,很难用统一的模型来解释各类杂波的产生机理与分布特性;对于同一类物体形成的杂波,其特性依赖于物体本身存在的状态条件,它们一般是随时间和空间变化的,这使得进行特性分析和建模较为困难[118-123]。

②杂波的特性还依赖于特定应用背景下的雷达体制与工作状态,包括雷达的分辨率、工作判断、极化、入射角等。这决定了对杂波特性的研究不仅仅要寻求统一的模型,还要针对特定应用背景,进行具体分析。

③对于杂波特性的研究还取决于所采取的研究手段、方法和目的。

④杂波特性的不同使得杂波下的信号处理方法也有所不同,实际中有效的信号处理方法是利用了真实可靠的杂波先验知识[148-150]。

地平面上的反射面(不管是自然的,如地面本身或植被,还是人造的，如建筑群）都会将信号散射回雷达。通过天线主瓣进入雷达的寄生回波称为主瓣杂波，否则称为旁瓣杂波。杂波可分为重要的两类：面杂波和体杂波。面杂波包括树木、植被、地表、人造建筑群及海表面；体杂波通常拥有大的范围（尺寸），主要包括金属箔条、雨、鸟及昆虫。

地杂波回波是随机的，并具有类似热噪声的特性，因为单个的杂波成分（散射体）具有随机的相位和幅度。在很多情况下，地杂波信号强度要比接收机内的噪声强度大很多。因此，气象雷达在强杂波背景下检测目标的能力主要取决于信杂比，而不是信噪比。

多年来，人们研究了多种地杂波模型来描述机载雷达地杂波，比较流行的常用地杂波模型有以下 5 种[151-162]：

①Colema/Hetrich 模型（C/H 模型）。

②连续波（Continuous Wave，CW）近似模型。

③J.Roulston 模型。

④Helgostam/Ronnerstam 模型。

⑤Mitchel-Stone（M/S）模型。

Colema/Hetrich 模型是一种最简单粗略的模型。在计算杂波反射区的有效面积时，难以确定系数 K_a 的精确值。天线增益和地面散射特性均用几个常数来拟合。应用该模型可以方便地估计出多普勒收敛区（杂波功率小于热噪声的区域），并可粗略地看到主波束杂波，旁瓣杂波及高度线杂波的变化趋势。该模型适合手算，是一种简略的杂波计算方法。

连续波近似模型（CW 模型）是在高脉冲重复频率下汇集所有距离上的回波之后获得的杂波功率谱分布。这种分布的形状与具体情况下的谱分布形状相同，然后采用一加权系数来说明系统正在脉动的情况。使用该模型计算出的结果反映的是实际杂波谱分布的一种统计平均，因此在研究杂波的统计平均特性时，使用连续波法是合理的。

J.Roulston 模型是近几年来发展起来的一种计算方法，使用它可方便地模拟出 PD 雷达工作的杂波环境，包括旁瓣杂波谱、主瓣杂波谱和高度线杂波谱。地面散射面积在距离向采用脉冲宽度限制，不像 H/R 模型有严格的数学推导,计算旁瓣杂波时,采用了均方根的天线特性,反映不出旁瓣宽度的影响。其优点是概念清楚,易于实现[143-147]。

Helgostam/Ronnerstam模型的复杂性和成熟程度均属中等,不需要后向散射图,但地形特征是可以构造的。它的数学推导是精确的,但比起连续波法和J.Roulston法仍有些复杂。

Mitchel-Stone(M/S)模型是一种精确的计算方法。将地面绘制成方位-距离栅格,并将天线方向图和后向散射图都绘制到栅格里,通过模糊距离和多普勒的叠加而得到各距离门——多普勒滤波器单元内的杂波。这种方法能模拟分布的和离散的杂波,并可实现调制对回波的影响,但该方法运算程序复杂,运算时间长,在小型计算机下难以实现。

在上述的几种比较典型的杂波模型中,因复杂性等原因,其实用性受到很大的影响,如M/S模型,因距离——多普勒单元的形状复杂和精度要求,使其应用受到一定得影响。Jen King Jao和William B.Gogginst在M/S模型基础上提出了一种简捷、高效的地杂波解析表达式。该表达式适用于低飞行高度、任意PRF波的雷达,甚至连续波雷达[148-153]。

气象雷达由于载机的运动和天线的扫描,使主波束频率在一个频率范围内变化。因此,与地面雷达不同,在抑制主瓣杂波之前必须对主瓣杂波频率进行跟踪,或去除飞机地速,将其移至零多普勒频率后再进行滤波。

机载雷达由于架设在运动的高空平台上,具有探测距离远、覆盖范围大、机动灵活等特点,应用范围相当广泛,可执行战场侦察、预警等任务。但由于机载雷达的应用面临非常复杂的杂波环境,杂波功率很强,载机的平台运动效应使杂波谱展宽。此外,飞机运动时,杂波背景的特性会随时间变化。有时弱的目标还可能被强杂波所淹没,使得目标变得难以检测,特别严重时,强杂波还会引起接收系统过载。因此,有效地抑制这种时间非平稳和空间非平均的杂波干扰是雷达系统有效完成地面目标和低空飞行目标检测必须解决的首要问题[164-170]。

机载雷达地杂波抑制技术发展可以追溯到20世纪50年代关于运动

补偿的研究,直到90年代初形成研究热点的空时二维自适应处理方法以及现在已成为国际雷达系统与发展前沿动态的极化雷达和极化滤波处理技术。机载雷达杂波抑制方法主要可分为两类:一是在时间域(频域)作一维处理的方法;二是在空间-时间域进行联合处理(Space Time Adaptive Processing,STAP)的方法。

在雷达地杂波模拟中,地杂波的频谱特性、幅度分布特性以及散射系数随擦地角的变化关系都是重要模型,机载脉冲多普勒(Pulse Doppler,PD)气象雷达地杂波抑制也是基于这些模型的。如图1.3所示,典型的机载PD雷达地杂波抑制过程可分为3个步骤:首先通过地杂波对消器抑制很强的主瓣杂波;然后通过多普勒滤波器消除主瓣杂波剩余,并且降低旁瓣杂波幅度,提高信杂比;最后通过门限检测器进行恒虚警率(Constant False Alarm Rate,CFAR)处理[171-175]。

图1.3　雷达的地杂波抑制过程

在机载下视雷达中,地面杂波的影响是十分严重的,它不仅强度大,而且不同方向的地杂波相对于载机的速度各异,从而使杂波谱大大展宽。为了克服这种强杂波环境,从中提取有用信息,产生了各种各样的地杂波抑制技术。目前,主要的地杂波抑制方法主要有以下5种[176-180]:

①主波束上仰。飞机以-3°下滑角着陆下滑,主波束搭地可产生极强的主瓣杂波。此时,可使天线主波束指向比机头下滑方向上仰1°~2°,形成距离截断,可有效地抑制一次主瓣杂波。因此,波束上仰会导致二次主瓣杂波进入接收机,但由于距离衰减较大,实际上可减弱数十分贝的杂波功率。

②设计低旁瓣天线。由于地杂波分布的频率范围很宽,至今为止,尚无任何一种有效的机载雷达体制能完全有效滤除地杂波,只能减弱地杂波的影响。因此,降低地杂波的有效方法是降低天线旁瓣电平,特别是俯仰方向指向下方的旁瓣电平。

③限制探测距离。比较低的杂信比(CSR)发生在飞机前下方近距离内。在这段距离范围内,天线主瓣波束尚未搭地,地杂波主要从天线旁瓣进来。采用时域波门将接收机回波信号距离限制在一定范围距离内,从时域上滤掉地杂波。

④单元到单元的AGC。地杂波随距离单元的变化是很大的。为了保持接收机的大动态范围和不饱和,每个距离单元都要计算同相和正交支路信号的脉冲序列,同时要通过AGC调节放大量,以实现调整不同距离单元的系统增益。为了在近场着陆时,从强地杂波中分出微弱的风切变回波信号,需要提取多普勒频率f_d。接收机除了必须具备大动态跟踪范围,还必须保证单元到单元AGC的检波器工作在线性区域。单元到单元AGC的方法,可使接收机AGC达到最佳值,在有杂波的情况下,得到最佳的信噪比。

⑤采用滤波器抑制地杂波。采用高通滤波器可有效地降低杂波,这种滤波器对风速估计无影响,而对抑制地杂波有明显的效果。这种抑制地杂波方法,已由美国NASA研究中心的微下击暴流—地杂波—雷达模拟试验结果证明是行之有效的。

1.5 本书的研究工作和章节结构

通过对已有相关研究工作的分析总结,将主要在以下3个方面对气象雷达的关键技术进行深入研究:

①微下击暴流风切变会对飞机产生危害,严重时会机毁人亡,则先研究微下击暴流风切变模型,在此基础上提出一种风切变模型和一种风切变信号处理算法。同时,研究在不同情形下(顺风、偏风、侧风、逆风)雨回波谱特性。

②针对湿性湍流。建立了相应的风场模型,对湍流特性进行仿真分析。同时提出了湍流信号处理的FFT算法;利用FFT三维对称特性产生

出三维零均值高斯噪声，结合 Von Karman 模型建立了空间三维湍流场模型，并提出了一种机载雷达湍流信号的处理算法。为了有效检测湍流，分析了大气湍流的传统脉冲对检测算法，并针对提高检测概率提出了一种湍流检测算法。

③由于较强的地杂波会把有用的气象目标信号淹没，则研究相关的地杂波模型和抑制显得尤为重要，先对气象雷达的地杂波（包括主瓣杂波、旁瓣杂波、高度线杂波）进行分析；研究了地杂波处理方法，利用 I，Q 回波建立了地杂波数学模型，仿真分析了地杂波特性。结合传统的最小均方（LMS）算法和自适应噪声对消器（ANC），研究了 LMS-ANC 和 LSL-ANC 两种地杂波抑制方法，在风速误差、信杂比和运算时间 3 个方面对滤波效果进行了分析。

基于以上的研究内容，本书的章节结构组织如下：

第 1 章首先对气象雷达的应用领域做了简要介绍。在此基础上指出了本书的研究意义。接着在风切变探测和预警、大气湍流检测、地杂波建模与抑制方面进行了国内外研究现状的分析，并对相关技术的动态进行了深入分析。然后具体对与本书相关的研究成果进行了细致的分析。

第 2 章主要介绍本书研究工作的相关理论基础。首先分析了脉冲多普勒效应。其次分析了云、雾、雨回波，接着对气象目标的微粒性、叠加性、随机性进行了研究。研究了影响气象目标的多普勒速度宽度（谱宽）的 4 种气象因子：垂直方向上的水平风切变、因波束宽度而产生的横向风效应、大气中小于有效照射体尺度的湍流运动、不同直径雨滴在静止大气中的下落末速度的不均匀分布。最后分析了风切变和危险因子、湍流检测算法。

第 3 章研究风切变尤其是微下击暴流的目标回波建模与仿真。首先分析了均匀风场和非均匀风场特性，接着分析了风切变风场，在此基础上建立了风切变风场模型，并对对称风场和非对称风场进行了仿真分析。其次运用多普勒效应和网格映像法对风切变的点目标回波建立了数学模型。最后根据建立的数学模型，仿真分析了对称风场和非对称风场下雨回波的三维谱以及在不同情形下(顺风、偏风、侧风、逆风)的雨回波谱分布。

第4章研究湍流信号建模及其检测算法。首先根据第4章所建立风场,定义了一种湍流模型,根据所建立的湍流模型,仿真分析了湍流特性。其次分别基于FFT和Von Karman模型对湍流信号进行了仿真分析。最后对湍流检测性能进行了研究,运用Monte Carlo方法对湍流信号的检测性能进行了仿真分析,并与传统的湍流检测算法进行了比较。

第5章研究地杂波建模及其抑制算法。首先对地杂波谱进行了分析,同时讨论了影响地杂波谱形状的因素。其次分别基于I,Q回波和网格划分法对地杂波进行了建模,并分别研究了飞机速度、天线主波束方位角对杂波功率谱的影响。再次分析了常用的地杂波抑制技术。最后分析了传统的MTI和AMTI地杂波抑制算法,为了与传统的地杂波抑制算法进行对比分析,研究了LMS-ANC和LSL-ANC两种地杂波抑制方法,分别以风速误差、信杂比、运算时间为对比参数将LMS-ANC,LSL-ANC地杂波抑制方法与传统的地杂波抑制算法进行了对比分析。

第6章总结了本书的主要工作,并对下一步的研究工作进行了展望。

第 2 章 气象雷达回波

2.1 气象回波分析

气象雷达具有气象探测、气象回避、地形测量、地图测绘等功能，它是飞机重要的机载电子设备。它的回波主要包括云雨、湍流、微下击暴流风切变等气象回波。其观测回波示意图如图 2.1 所示。

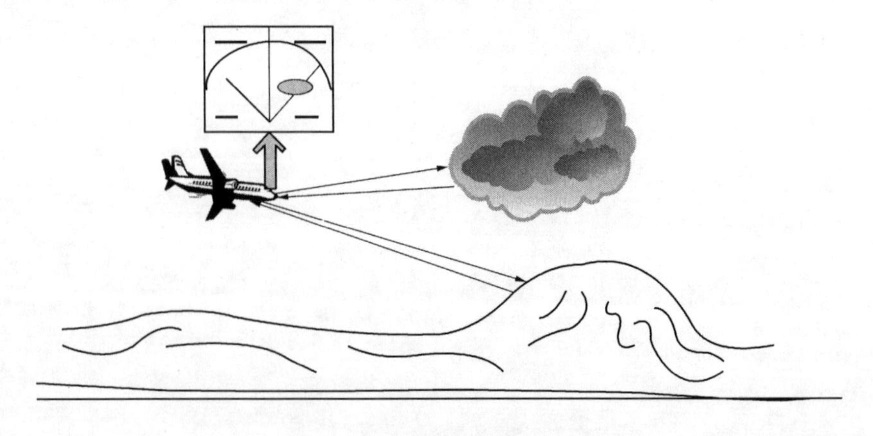

图 2.1　气象雷达观测示意图

气象雷达探测气象回波主要原理之一是多普勒效应。多普勒效应是指发射源和接收者之间有相对径向运动时,接收到的信号频率将发生变化;当波在波源移向观测点时接收频率变高,远离观测点时接收频率变低,如图 2.2 所示。

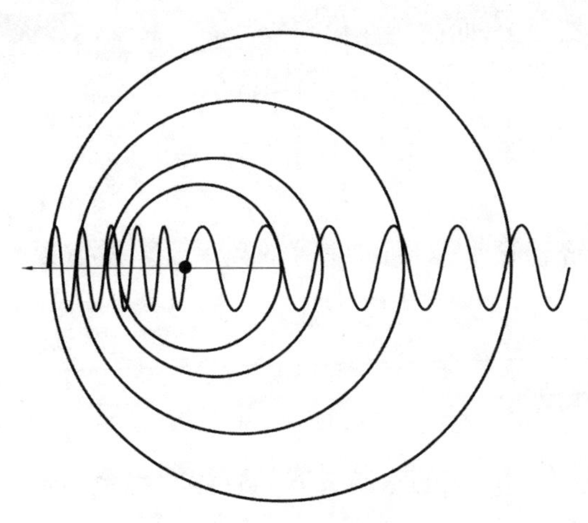

图 2.2　多普勒效应示意图

假设雷达信号为窄带信号(带宽远小于中心频率),则其发射信号可表示为

$$s(t) = \mathrm{Re}[u(t)\mathrm{e}^{\mathrm{j}\omega_0 t}] \tag{2.1}$$

式中,$u(t)$ 为调制信号的复数包络;Re 表示取实部;ω_0 表示发射角频率。

当雷达与目标间有相对运动时,目标与雷达之间的距离 R 随时间 t 变化,设目标以匀速相对雷达运动,则在时刻 t,目标与雷达间的距离 $R(t)$ 为

$$R(t) = R_0 - v_r t \tag{2.2}$$

式中,R_0 为 $t=0$ 时刻的距离;v_r 为目标相对雷达的径向运动速度。

由目标反射的回波信号 $s_r(t)$ 可表示为

$$s_r(t) = ks(t - t_r) = \mathrm{Re}[ku(t - t_r)\mathrm{e}^{\mathrm{j}\omega_0(t-t_r)}] \tag{2.3}$$

式(2.3)说明,在 t 时刻接收到的波形 $s_r(t)$ 上的某点,是在 $t-t_r$ 时刻发射的。由于通常雷达和目标间的相对运动速度 v_r 远小于电磁波速度 c,则时延 t_r 可近似写为

$$t_{\mathrm{r}}=\frac{2R(t)}{c}=\frac{2}{c}(R_0-v_{\mathrm{r}}t) \tag{2.4}$$

当目标相对雷达固定不动时，回波信号的复包络有一固定延迟，而高频则有一个相位差。式(2.3)的回波信号表达式说明，回波信号比起发射信号来，复包络滞后 t_{r}，而高频相位差 $\varphi=-\omega_0 t_{\mathrm{r}}=-2\pi(2/\lambda)(R_0-v_{\mathrm{r}}t)$ 是时间的函数。当速度 v_{r} 为常数时，$\varphi(t)$ 引起的频率差为

$$f_{\mathrm{d}}=\frac{1}{2\pi}\frac{\mathrm{d}\varphi}{\mathrm{d}t}=\frac{2}{\lambda}v_{\mathrm{r}} \tag{2.5}$$

式中，f_{d} 称为多普勒频率，即回波信号的频率比之发射频率有一个多普勒频移。

2.1.1 云回波

云是指停留大气层上的水滴或冰晶胶体的集合体。云是地球上庞大的水循环有形的结果。太阳照在地球的表面，水蒸发形成水蒸气，一旦水汽过饱和，水分子就会聚集在空气中的微尘周围，由此产生的水滴或冰晶将阳光散射到各个方向，这就产生了云的外观。

对于一些还未形成降水的云，由于云体内云滴的粒子比较小，含水量也少，因此，必须采用波长较短的雷达，才能对其进行探测。但是，有时云中含水量较大，有的云滴已增大到足够大(直径>200 μm)时，3 cm 和 5 cm波长的气象雷达在较近的距离上，有可能探测到云的回波[181-185]。

在反射率因子的距离高度显示(Range Height Indicator，RHI)中，层状云回波一般平铺成一条长带，云底、云顶比较平坦，回波带的垂直厚度大致为云的厚度，依据回波底所在的高度即可区分高、中、低云。有时，还可观测到云底的雨幡回波。积状云的回波一般呈小柱状，往往从中空开始形成，底部不及地。在反射率因子的平面位置显示(Plane Position Indication，PPI)显示中，层状云回波只有在适当的天线俯仰角时才能够探测到；积状云则通常表现为零散、孤立的小块状结构。

对流云降水回波主要出现在冷锋、冷涡天气中，少部分出现在地方性

对流天气中。回波主要特征是回波总体由许多小块回波组成,其水平尺度较小(几千米到几十千米),边缘清晰,棱角曲折,强度较强,回波单体生消变化较快,云体发展旺盛,高度较高。一般云顶高度多在8~10 km。最高云顶达12~15 km,极高者可达18~20 km。在RHI上,回波呈柱状,高低不等,起伏较大[223-233]。比较强的对流云降水回波还可看到云顶呈花椰菜形状。对流云降水回波中没有零度层“亮带”,只有在其衰亡阶段有时看到亮带。对流云降水强度大,持续时间段,降雷雨或阵雨,有时有冰雹,容易造成局部地区暴雨或冰雹灾害。

2.1.2　雾回波

雾是在水气充足、微风及大气层稳定的情况下,接近地面的空气冷却至某程度时,空气中的水汽便会凝结成细微的水滴悬浮于空中,使地面水平的能见度下降。雾滴和云滴一样,回波很弱。同时,雾的垂直厚度一般并不很厚,因此,雾的回波往往与近距离的地物回波混在一起,只有范围较大、厚度较厚的平流雾,气象雷达才能够探测到。在反射率因子的PPI显示中,雾的回波呈均匀分布,一般没有明显的强度梯度。在RHI显示中可以看到雾的垂直厚度,一般只有1 km左右。

雾滴通常是指半径小于100 μm的小水滴,与雨滴相比,有其固有的特性,雾滴基本上可看成圆球体。通常气象雷达的工作波长远大于雾滴的尺寸,因此可采用瑞利近似计算雾滴的后向散射特性,此时雷达反射因子与降雨的雷达反射因子相同,雾对气象雷达的反射因子 Z 可表示为[101-103]

$$Z = \int_0^{\infty} D^6 n(D)\,\mathrm{d}D = 2^7 \int_0^{\infty} n(r) r^6 \,\mathrm{d}r \tag{2.6}$$

式中,D 为雾滴的直径(mm),r 为雾滴的半径(mm),Z 的单位为 $\mathrm{mm}^6/\mathrm{m}^3$。$n(r)$表示雾滴的尺寸分布,云雾粒子一般采用Khragian-Mazin分布模型,即[101-103]

$$n(r) = ar^2 \exp(-br) \tag{2.7}$$

式中,a,b 是雾滴谱参数,r 以 mm 为单位:

$$\begin{cases} a = \dfrac{9.781}{V^6 W^5} 10^9 \\ b = \dfrac{13.04}{VW} \end{cases} \tag{2.8}$$

式中,V 表示能见度(km),W 表示雾的含水量(g/m^3)。利用积分关系式

$$\int_0^{\infty} x^n e^{-cx} dx = \frac{n!}{c^{n+1}} \tag{2.9}$$

则可以得到

$$Z = 1.008 \times 10^4 a \left(\frac{2}{b}\right)^9 \tag{2.10}$$

把式(2.8)代入式(2.10)中,可以得到

$$Z = 4.63 \times 106 V^3 W^4 \tag{2.11}$$

辐射雾和平流雾是雾的主要两种形式。辐射雾是在日落后地面的热气辐射至天空里,冷却后的地面冷凝了附近的空气;而潮湿的空气便会因此降至露点以下,并形成无数悬浮于空气里的小水点。平流雾是暖而湿的空气作水平运动,经过寒冷的地面或水面,逐渐冷却而形成的雾。

对于云雾,可用以下经典公式[101-103]:

平流雾

$$W = (18.35V)^{-1.43} = 0.015\,6V^{-1.43} \tag{2.12}$$

辐射雾

$$W = (42.0V)^{-1.54} = 0.013\,6V^{-1.54} \tag{2.13}$$

于是,可得到平流雾和辐射雾的反射因子关系式:

平流雾

$$Z = 0.273V^{-2.72} = 7.5 \times 10^2 W^{1.903} \tag{2.14}$$

辐射雾

$$Z = 4.62 \times 10^{-4} V^{-3.16} = 62.51 W^{2.052} \tag{2.15}$$

平流雾和辐射雾的反射因子与能见度、含水量的关系如图 2.3 和图 2.4 所示。

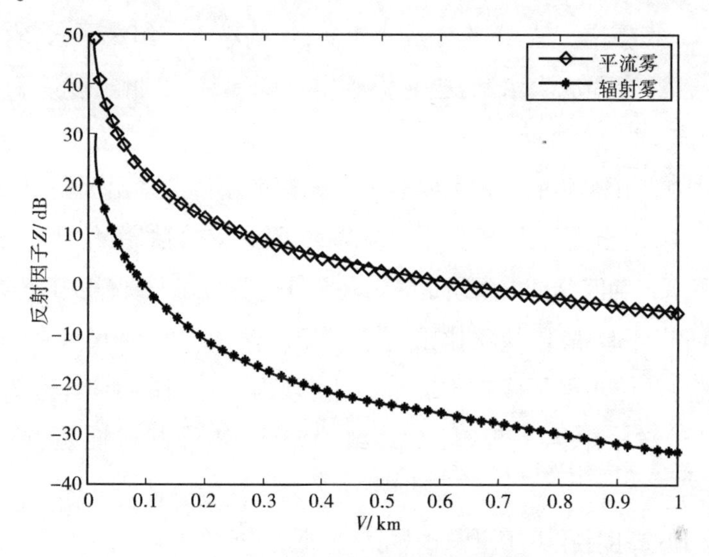

图 2.3　反射因子与能见度关系

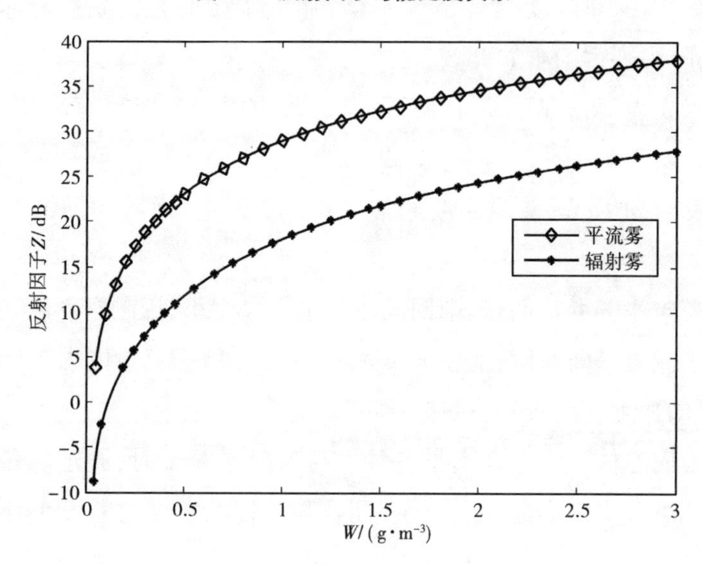

图 2.4　反射因子与含水量关系

2.1.3 雨回波

雨是从云中降落的水滴，陆地和海洋表面的水蒸发变成水蒸气，水蒸气上升到一定高度之后遇冷变成小水滴，这些小水滴组成了云，它们在云里互相碰撞，合并成大水滴，当它大到空气托不住的时候，就从云中落了下来，形成了雨。

雷雨和阵雨是雨的两种主要形式。雷雨、阵雨回波多出现在冷锋和冷涡天气系统中，由于雷雨、阵雨都是对流降水，因此，它们都具有对流云降水回波的特征。正确区分是雷雨还是阵雨是十分重要的。大致有以下5类：

①回波外形：阵雨块状比雷雨小，阵雨体积一般水平尺度在10 km以下，而雷雨单体水平尺度在10 km以上，阵雨单体显得干瘪，边缘比较清楚、平滑。雷雨单体表现得肥厚，结构密实，边缘起伏曲折，且边缘略发毛。

②回波高度：在RHI上阵雨高度较低，一般在8~9 km以下。雷雨回波高度则常在10 km以上。雷雨单体顶部常呈花椰菜。雷雨总体回波粗壮如树，阵雨则常细小如针。

③回波强度：雷雨回波比阵雨回波强，雷雨中可能伴有冰雹，阵雨里无雹。

④反射率因子：雷雨回波通常在40 dB以上，而阵雨回波常常不到40 dB。

⑤径向速度场特征：阵雨回波由于水平尺度小，探测资料已证实单体内存在正或负径向速度，而雷雨回波单体大，回波强，单体内常同时存在正、负径向速度，存在风向风速的切变。

当雨回波体积内存在大量各种直径的降水粒子时，假定粒子间的间隔大于几个气象雷达的波长以上；而且粒子以某一速度移动的距离相对于波长可以充分长。设由径向速度分量为v_r到v_r+dv_r之间的粒子接收到的功率P为

$$dP = G(v_r)dV_r \tag{2.16}$$

式中,$G(v_r)$为多普勒速度谱。

由于粒子径向速度 λ 与多普勒频率 f_d 之间有

$$f_d = \frac{2v_r}{\lambda} \tag{2.17}$$

则式(2.16)中 dP 用功率谱密度 $G(f)$来表示为

$$dP = G(f)\,df = G(v_r)\,dV_r \tag{2.18}$$

式中,df 是与 dv_r 相应的频率区间,将上式在全频域或全部速度范围内积分,得总的接收功率 P_t 为

$$P_t = \int_{\infty}^{\infty} G(f)\,df = \int_{\infty}^{\infty} G(v_r)\,dV_r \tag{2.19}$$

式(2.19)表明,只要将回波多普勒频谱图横轴的频率换算为速度,则该频谱曲线的形状就完全表示了目标体积内粒子的速度分布。求得回波多普勒频谱,就可求出目标体积内粒子径向速度的分布。

气象雷达主要处理降水粒子的回波,雨回波的功率谱,应该分布在发射频率 f_0 附近,如图 2.5 所示。

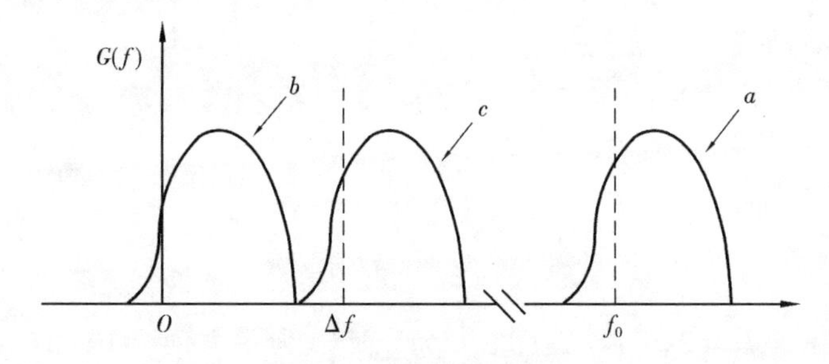

图 2.5　雨回波功率谱

如图 2.5 所示的曲线 a,$G(f)$为功率谱密度。相干检波后信号的功率谱相对于图 2.5 中将纵轴移到 f_0 处,即得图 2.5 中的曲线 b,分布在零频附近。当目标体积内包含有正负速度的粒子时,将发生频谱的重叠,为了避免这种重叠,用 $f_0-\Delta f$ 代替 f_0 作基准频率相干检波。使多普勒频谱移到图 2.5 中曲线 c 的 Δf 附近,Δf 称作补偿频率。把 Δf 代入 $f_d=2v_r/\lambda$ 求得的补偿速度 Δv。此外,还可将接收信号与两个相位差为 90°的基准信号作正交相位检波,由得到 I,Q 两路信号输出进行运算分别取出正负速度。

下面对降水回波信号进行分析。在发射连续波的情况下,在天线端口接收到的回波电压为[100-105]:

$$V_r(t) = \frac{\lambda G\sqrt{P_t}}{4\pi r^2} S e^{-j2k_0 r} \tag{2.20}$$

式中,S 是球形粒子的散射矩阵元素。如图 2.6 所示的几何图,将 r 与 t 的函数关系表示为 $r(t)$。设发射信号为 $s_{tr}(t) = U_{tr}(t)e^{j2\pi f_0 t}$,则回波信号 $s_r(t)$ 就可写为

$$\begin{aligned} s_r(t) &= V_r(t)e^{j2\pi f_0 t} \\ &= \frac{\lambda G\sqrt{P_t}}{4\pi r^2}(S)e^{-j2f_0(2r/c)}e^{j2\pi f_0 t} \\ &= \frac{\lambda G\sqrt{P_t}}{4\pi r^2}(S)e^{-j2f_0\tau}e^{j2\pi f_0 t} \\ &= Ae^{-j2f_0\tau}e^{j2\pi f_0 t} \end{aligned} \tag{2.21}$$

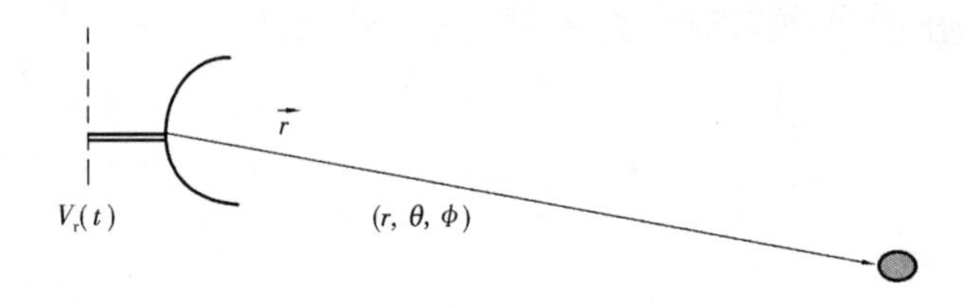

图 2.6 球形微粒的运动

其中,$\tau = 2r/c$,$k_0 = 2\pi/\lambda = 2\pi f_0/c$,$c$ 为光速。为了方便,因子 $\lambda G\sqrt{P_t}(S)/4\pi r^2$ 用幅值 A 表示,则 $s_r(t)$ 可简化为

$$s_r(t) = Ae^{j2\pi f_0(t-\tau)} \tag{2.22}$$

图 2.6 中,位于 $\vec{r}$ 处的单个球形微粒,向量 $\vec{r}$ 的起点在雷达处,随着球体的运动,距离 r 和 V_r 的相位 $2k_0 r$ 均随时间变化。注意:$k_0 = 2\pi/\lambda$。

当发射信号为频率 f_0 的连续波时,即 $s_{tr}(t) = \exp(j2\pi f_0 t)$,式(2.48)可写为

$$s_r(t) = AS_{tr}(t - \tau) \tag{2.23}$$

而 $\exp(-j2\pi f_0\tau)$ 可写为

$$e^{-j2\pi f_0\tau} = e^{-j(4\pi r/\lambda)} = e^{-j\theta} \tag{2.24}$$

r 随 t 变化必然导致上式中的 θ 也随 t 变化。故粒子散射波的相位 θ 随粒子相对于雷达的运动而变化，并且 θ 的时间变化率与多普勒频移有关。

令发射信号具有一般形式 $s_{tr}(t) = U_{tr}(t)\exp(j2\pi f_0 t)$。根据式(2.24)，回波信号 $s_r(t)$ 可写为

$$s_r(t) = AU_{tr}(t-\tau)e^{j2\pi f_0(t-\tau)} \tag{2.25}$$

$$= Ae^{-j2\pi f_0\tau}U_{tr}(t-\tau)e^{j2\pi f_0\tau}$$

则回波信号的电压为

$$V_r(t) = Ae^{-j2\pi f_0\tau}U_{tr}(t-\tau) \tag{2.26}$$

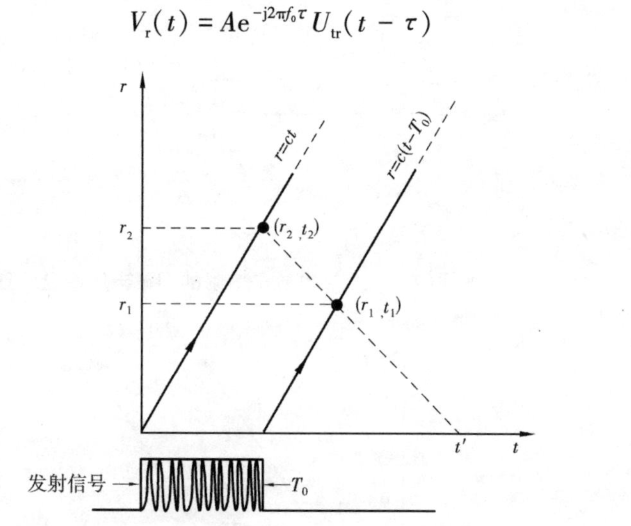

图 2.7　理想情形下两个粒子的散射示意图

一般来说，散射幅度是时变的，其函数关系可写为 $A(t,\tau)$。假设在理想条件下，距离雷达 r_1, r_2 处有两个粒子，它们的散射幅度是时变的，如图2.7所示。在水平时间轴下面画出了宽度为 T_0 的矩形发射波形。注意：图 2.7 中的纵坐标表示径向距离。发射脉冲前沿的传播路径用特征直线 $r=ct$ 表示，后沿的传播路径用特征直线 $r=c(t-T_0)$ 表示。两粒子的反射信号同时到达雷达的时刻 t'，可根据斜率为 $-c$ 的特征直线确定，即

直线 $r-r_1=-c(t-t_1)$，如图 2.7 所示。在该坐标系中，两个粒子的坐标分别为(r_1,t_1)和(r_2,t_2)。因此，t'时刻到达雷达的反射信号是距离 r_2 和 r_1 处两个粒子回波的合成。其中，r_2 处粒子的散射幅度在 $t_2=t'-r_2/c$ 时刻确定；r_1 处粒子的散射幅度在 $t_1=t'-r_1/c$ 时刻确定。因此，反射信号幅度的基本形式就是 $A(\tau;t)$或 $A(r;t)$，其中，$\tau=2r/c$ 确定延时时间。

一般来说，降水由大量的水凝物组成，这些水凝物分布在很大的空间距离上，它们的散射幅度和运动速度也各不相同。现在假设回波电压是由区间 r 到 $r+\Delta r$（或$\tau+\Delta\tau$）内的粒子散射，如图 2.8 所示。对应的宽度为 T_0 的矩形发射脉冲的距离-时间图，如图 2.9 所示。定义 $A'(\tau;t)$为 $\Delta\tau$ 单位距离增量（或 Δr）内粒子的散射幅度。根据式（2.52）就可以得到相应的回波电压增量为

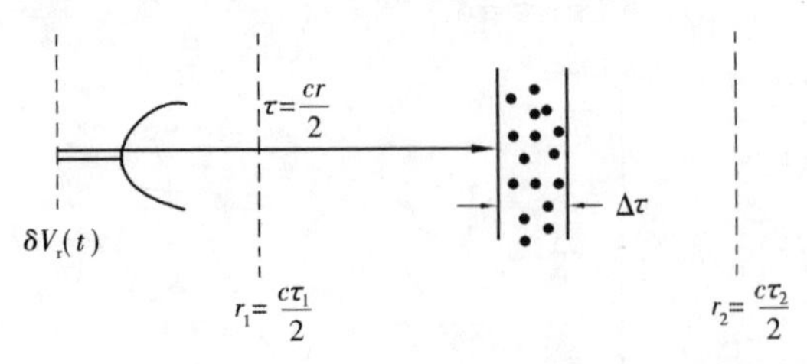

图 2.8　在区间（$\tau,\tau+\Delta\tau$）内粒子散射的回波电压增量示意图

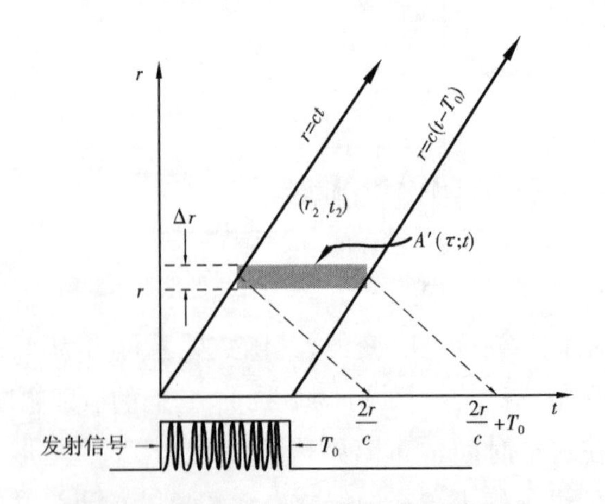

图 2.9　分布在（$r,r+\Delta r$）区间内粒子示意图

$$\delta V_r(t) = A'(\tau;t)\mathrm{e}^{-j2\pi f_0\tau}U_{tr}(t-\tau)\Delta\tau \tag{2.27}$$

若散射介质的距离范围为 r_1 到 r_2，则有

$$V_r(t) = \int_{\tau_1}^{\tau_2} A'(\tau;t)\mathrm{e}^{-j2\pi f_0\tau}U_{tr}(t-\tau)\mathrm{d}\tau \tag{2.28}$$

从形式上，上式的积分限可扩展为0到∞，因此，对于任意形状的发射波形（不一定是矩形脉冲）。其回波电压的一般形式为

$$V_r(t) = \int_{0}^{\infty} A'(\tau;t)\mathrm{e}^{-j2\pi f_0\tau}U_{tr}(t-\tau)\mathrm{d}\tau \tag{2.29}$$

在图2.10中，粒子的"瞬时"位置由相对于雷达的矢量序列 $\boldsymbol{r}_k$（$k=1,2,\cdots$）表示。相角 $\theta_k = 2\pi f_0\,\tau_k = (4\pi/\lambda)r_k$。对于随机分布的粒子，相角 θ_k 在 $(-\pi,\pi)$ 间均匀分布。通常散射幅度 A_k 的函数形式为 $A_k(\tau_k;t)$。

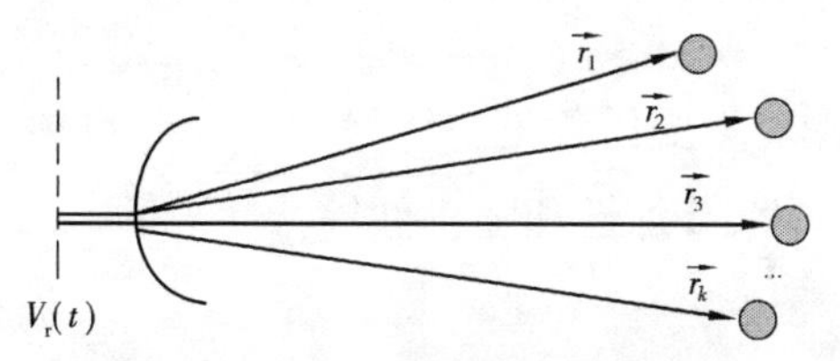

图2.10　随机粒子集合的示意图

根据式(2.29)，回波电压同样可表示为介质中单个散射粒子作用的回波电压之和的离散形式，即

$$V_r(t) = \sum_k A_k(\tau_k;t)\mathrm{e}^{-j2\pi f_0\tau_k}U_{tr}(t-\tau_k) \tag{2.30}$$

其中，A_k 为第 k 个粒子的散射幅度，$\tau_k = 2r_k/c$。

在图2.11中，假设相角 θ_k 在 $(-\pi,\pi)$ 间均匀分布，可把合成的相位矢量表示成 $\boldsymbol{I}+j\boldsymbol{Q}$。其中，$\boldsymbol{I}$ 为同向分量，$\boldsymbol{Q}$ 为正交分量。对于任意给定频率，给定时刻 t 的 $V_r(t)$ 可以表示为它的所有相位矢量元素求和的形式。

考虑 $V_r(t+\Delta t)$，在 Δt 时间内，r_k（或者 $\tau_k = 2r_k/c$，$\theta_k = (4\pi/\lambda)r_k$）会随着粒子的运动而变化。如果 Δt 很小，那么，t 和 $t+\Delta t$ 时刻合成的相位矢量近似平行；随着 Δt 增大，合成的相位矢量不再平行；当 Δt 足够大时，Δr_k 相当于波长的很大一部分，这就导致 $V_r(t+\Delta t)$ 与 $V_r(t)$ 不相关。

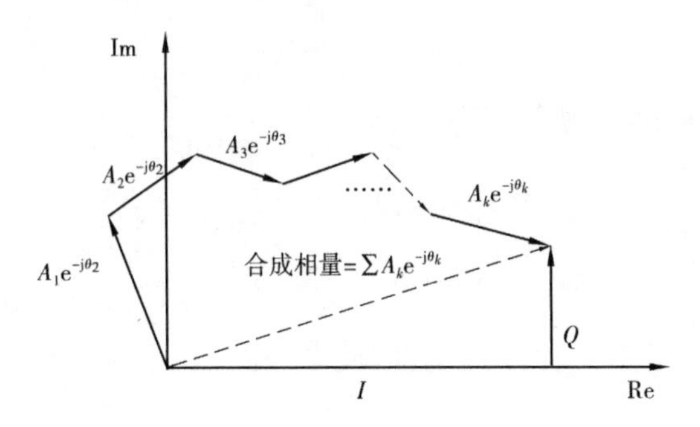

图 2.11　复平面上的相位矢量合成

2.2　气象目标特性分析

气象雷达探测的主要任务是在于通过对气象目标回波信息的分析，气象目标具有微粒性、叠加性和随机性等特性[101-103]。

2.2.1　微粒性

对于气象目标而言，其散射单元通常是空中悬浮的微粒，它们形体各异。为了研究方便，可用一个理想的球形粒子的模型来等效。

设气象雷达与该球形粒子处于理想传播空间。若气象雷达发射功率为 P_t，天线具有方向性，在给定方向上的增益为 G，雷达到球形粒子的距离为 R，如图 2.12 所示。

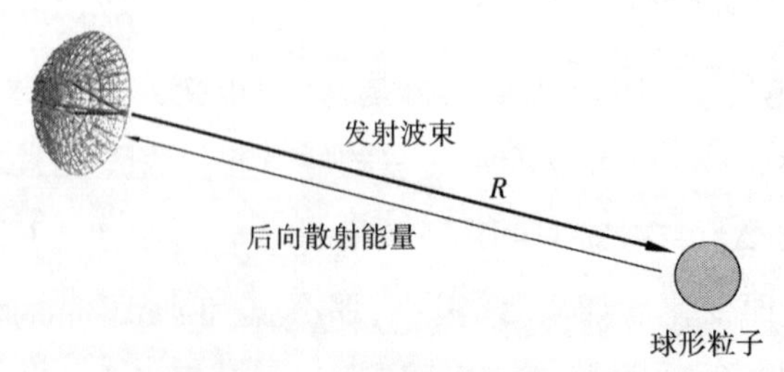

图 2.12　位于距离 R 处的球形粒子

因此，电磁波到达球形粒子处的功率密度可表示为

$$S_0 = P_t G / 4\pi R^2 \tag{2.31}$$

当电磁波到达该球形粒子时，粒子表面将产生感应电流，此电流又向各个方向散射电磁波。为了方便分析目标散射能力，引入目标有效截面积 σ，这个面积是一个假想面积，如果把它放在与电磁波传播方向垂直的面上，将无损耗、全部地、各向均匀地把入射功率散射出去，而在雷达站处所产生的功率密度等于实际目标所产生的功率密度。

到达雷达天线处的目标后向散射信号功率密度为

$$S_1 = \frac{\sigma \cdot S_0}{4\pi R^2} \tag{2.32}$$

则由式(2.31)可得目标有效截面积 σ 为

$$\sigma = 4\pi R^2 \frac{S_1}{S_0} \tag{2.33}$$

为了保证雷达接收天线在远场(也就是天线接收的散射波是平面波)，式(2.33)可修正为

$$\sigma = 4\pi R^2 \lim_{R \to \infty} \frac{S_1}{S_0} \tag{2.34}$$

式(2.34)定义的雷达截面积(Radar Cross Section，RCS)经常称为后向散射 RCS 或单基地 RCS。

目标的后向散射波的大小与目标范围和入射波波长 λ 的比值成比例。实际上，气象雷达不能够检测到比其工作波长小很多的目标[176-178]。例如，如果气象雷达使用 L 波段，雨滴相对于雷达就变得几乎是不可见的，因为它们比雷达波长小很多。RCS 测量在目标尺寸与波长可比较的频率区称为瑞利区；目标尺寸比雷达波长大很多的频率区称为光学区；当目标尺寸与雷达波长是同一个数量级时称为谐振区。以波长为单位的球体周长归一化后向散射 RCS 如图 2.13 所示。

2.2.2　叠加性

气象雷达探测常采取波束扫描的方式来获得空中气象目标的信息。

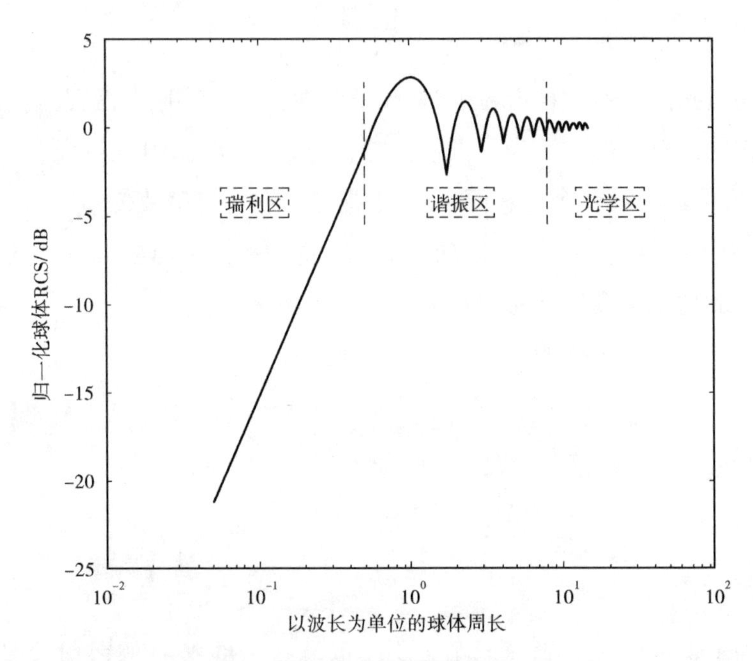

图 2.13　归一化后向散射 RCS

气象目标范围宽阔,对于一束电磁波照射的区域,将会充满了雨滴,那么,雷达天线接收的信号并不是来自一个粒子的散射,而是被电磁波同时照射的大量微粒单元后向散射能量的总和。

设气象雷达波束水平方向半功率宽度角为 θ,垂直方向半功率宽度角为 φ。由于 θ 和 φ 通常很小,则电磁波同时照射到的体积为

$$V = \frac{\pi R^2}{4}\theta\varphi \cdot \frac{c\tau}{2} \tag{2.35}$$

式中,R 为雷达与目标的距离,c 为电磁波传播速度,τ 为发射脉冲宽度。

如果散射单元均匀分布,单位体积内散射粒子数目为 n,则散射单元的总数为

$$N = V \cdot n = \frac{\pi R^2}{8}\theta\varphi c\tau\, n \tag{2.36}$$

气象雷达探测实际大气中的云雨时,接收到的散射是由一群粒子共同构成的。一群云雨粒子的瞬时回波是涨落的,其原因是同时散射能量到天线处的许多云雨粒子之间位置不断发生变化,从而使云雨粒子产生

的回波到达天线的行程差也发生不规则的变化，一般雷达都对云雨粒子群瞬时回波取一定时段的平均。有效雷达截面积 σ_0 可表示为

$$\sigma_0 = \sum_{i=1}^{n} \sigma_i = V\sigma_u \tag{2.37}$$

式中，σ_u 为单位体积内有效雷达截面积。瑞利散射情况下，式(2.37)可写为

$$\sigma_u = \frac{\pi^5 |K|^2}{\lambda^4} \sum_{i=1}^{n} D_i^6 \tag{2.38}$$

式中，D 为粒子的直径，λ 为波长，参数 K 为

$$K = \frac{m^2 - 1}{m^2 + 2} \tag{2.39}$$

式中，m 是构成粒子介质的复折射率。当 $D/(2\lambda)>0.1$ 时，则有

$$\sigma_u \approx \frac{\pi}{4} \sum_{i=1}^{n} D_i^2 \tag{2.40}$$

2.2.3　随机性

由于雷达波束同时照射到多个空中悬浮的粒子，而这些粒子的分布具有很大的随机性。假设气象雷达波束同时照射到两个球形粒子，如图2.14所示。

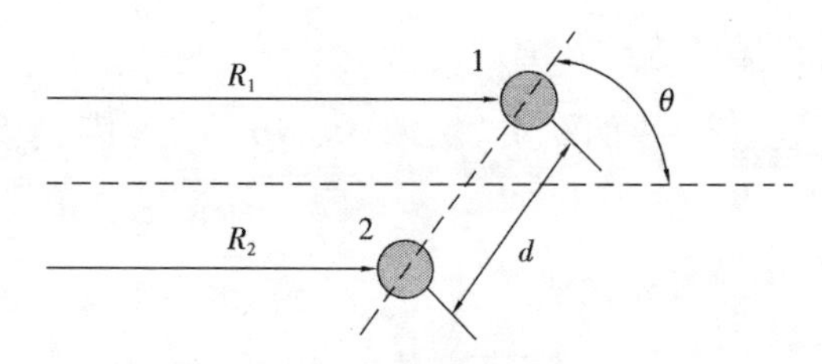

图2.14　两个球形粒子

图2.8中，d 为两个球形粒子之间的间距，θ 是粒子与水平方向的夹角，R_1，R_2 分别为粒子1和粒子2与雷达的距离。此时，雷达天线接收到的信号为

$$u = U_{m1}\cos(\omega t - \varphi_1) + U_{m2}\cos(\omega t - \varphi_2) \tag{2.41}$$

式中,U_{m1},U_{m2}分别为粒子 1 和粒子 2 的电压振幅,φ_1,φ_2 分别为粒子 1 和粒子 2 的相位,且有

$$\varphi_1 = \frac{2\pi}{\lambda}R_1 + \varphi_{01};\varphi_2 = \frac{2\pi}{\lambda}R_2 + \varphi_{02} \tag{2.42}$$

式中,φ_{01},φ_{02}分别为粒子 1 和粒子 2 的初相位。

设 $U_{m1}=U_{m2}$,$\varphi_{01}=\varphi_{02}$,由于 $R_1-R_2=d\cos\theta$,则输入信号电压振幅为

$$U_m = 2U_{m1}\cos\left[\frac{2\pi d}{\lambda}\cos\theta\right] \tag{2.43}$$

输出信号总功率为

$$P = 4P_1\cos^2\left[\frac{2\pi d}{\lambda}\cos\theta\right] \tag{2.44}$$

式中,P_1 为粒子 1 的功率,粒子的回波功率与有效雷达截面积成正比,则有

$$\sigma_0 = 4\sigma_1\cos^2\left[\frac{2\pi d}{\lambda}\cos\theta\right] = 4\sigma_1\cos^2\varphi \tag{2.45}$$

式中,σ_1 为粒子 1 的雷达截面积,当粒子间的相对位置随机改变时,设 φ 在 0~2π 是等概分布时,则两粒子有效雷达截面积的平均值$\bar{\sigma}_0=2\sigma_1$。

则当两个粒子在空间相对位置随机变化时:

(1)信号电压振幅在 $0\sim2U_{mi}$,$i\in\{1,2\}$变化。

(2)信号功率振幅在 $0\sim4P_1$ 变化。

(3)总的有效雷达截面积 σ_0 也在 $0\sim4\sigma_1$ 的范围内变化,其平均值为 $2\sigma_1$。

2.3 机载雷达气象目标分析与检测

2.3.1 雷达气象方程

当气象雷达发出的电磁波照射到云雨粒子上,它们就散射电磁波,其

中后向的电磁波被雷达天线所接受，这就是雷达回波。雷达回波的强度除了取决于雷达的参数外，还取决于云雨的特性以及它们与雷达的距离。

若雷达天线是各向同性地辐射，那么，在距离 r 处目标所得到的入射波能流密度为 $P_t/4\pi r^2$。采用增益为 G 的定向天线后，距离 r 处的入射能流密度 S_i 为

$$S_i = G\frac{P_t}{4\pi r^2} \tag{2.46}$$

式中，P_t 为雷达发射的脉冲功率。

设目标的后向散射截面为 σ，则从目标返回雷达天线的散射能流密度为

$$S_s = G\frac{P_t\sigma}{(4\pi r^2)^2} \tag{2.47}$$

设天线的有效截面积为 A_e，则天线所接受到的功率为

$$P_r = S_s A_e = \frac{GP_t\sigma}{(4\pi r^2)^2}A_e \tag{2.48}$$

把 $A_e = \frac{\lambda^2}{4\pi}G$ 代入上式，则得

$$P_r = \frac{G^2\lambda^2 P_t\sigma}{(4\pi)^3 r^4} \tag{2.49}$$

式(2.49)是单个目标的雷达方程，对云雨滴、飞机都适用。根据目标的后向散射截面 σ 和距离 r 以及雷达的参数，即可计算出回波功率。式(2.49)还表明，单个目标的雷达回波功率与 r^4 成反比，随着距离 r 的增大，回波功率迅速减小。

如前所述，来自粒子群的回波信号，虽然瞬时值随时间迅速脉动，但是对时间的平均值却是比较平稳的。可以证明，在大量粒子彼此独立，并且在空间作无规则分布的情况下，只要测定的时间足够长，总的回波功率的时间平均值等于各个粒子的回波功率之和，即

$$\overline{P_r} = \sum_{i=1}^{N} P \tag{2.50}$$

式中,N 为合成总回波功率的粒子数目。

在波束宽度 θ(在垂直面上的波束宽度)和 φ(在水平面上的波束宽度)范围内,粒子所产生的回波能同时到达天线的空间体积。称为雷达有效照射体积。该体积在径向上的长度就是有效照射深度。由于 θ 和 φ 通常很小,雷达有效照射面积可近似地看作椭圆柱体,因此

$$V = \pi\left(r\frac{\theta}{2}\right)\left(r\frac{\varphi}{2}\right)\frac{h}{2} \tag{2.51}$$

式中,θ 和 φ 分别为用弧度表示的波束的水平和垂直宽度。对于圆抛物面天线,式(2.51)可简化为

$$V = \pi\left(\frac{r\theta}{2}\right)^2\frac{h}{2} \tag{2.52}$$

假定在有效照射体积内雷达的辐射强度是均匀的,等于波束轴线方向的辐射强度。再假设在波束有效照射体积内降水粒子大小的分布是均匀的,则可计算出来自降水区的回波功率的时间平均值$\overline{P_r}$为

$$\overline{P_r} = \frac{G^2\lambda^2P_t}{(4\pi)^3r^4}\sum_{i=1}^{N}\sigma_i = \frac{G^2\lambda^2P_t}{(4\pi)^3r^4}V\sum_{\text{单位体积}}\sigma_i = \frac{G^2\lambda^2P_th\theta\varphi}{512\pi^2r^2}\sum_{\text{单位体积}}\sigma_i \tag{2.53}$$

式中,$\sum_{i=1}^{N}$ 中的 N 是对波束有效照射体积中所有降水粒子而言的,$\sum_{\text{单位体积}}$ 是对有效照射体积中的单位体积内的粒子求和。

2.3.2 气象目标谱宽分析

在气象雷达对目标检测过程中,多采用气象目标多普勒速度谱的宽度进行检测分析。多普勒速度谱的宽度(简称谱宽)σ_v,表示有效照射体内不同大小的多普勒速度偏离其平均值 V_r 的程度,实际上它是由该照射体内的散射粒子具有不同径向速度所引起的,它定义为

$$\sigma_v^2 2 = \frac{\int_{-\infty}^{\infty}(v - v_r)^2\psi(v)\mathrm{d}v}{\int_{-\infty}^{\infty}\psi(v)\mathrm{d}v} \tag{2.54}$$

式中，$\psi(v)\mathrm{d}v$ 为 v 到 $v+\mathrm{d}v$ 间隔内相应的回波功率，对所有间隔的积分即为总的回波功率 P_r。v_r 为多普勒速度的平均值，v 为速度谱中某一多普勒速度值。

影响谱宽 σ_v 的气象因子主要有4种：垂直方向上的水平风切变、因波束宽度而产生的横向风效应、大气中小于有效照射体尺度的湍流运动、不同直径雨滴在静止大气中的下落末速度的不均匀分布[100-104]，即

$$\sigma_v^2 = \sigma_{ws}^2 + \sigma_t^2 + \sigma_b^2 + \sigma_d^2 \tag{2.55}$$

式中，σ_{ws}^2，σ_t^2，σ_b^2，σ_d^2 分别为风切变、大气湍流、天线波束宽度、气象微粒降落速度之差而引起的谱宽。

（1）风切变

水平风在垂直方向上的切变对有效照射体内径向速度分布的影响，可用图2.15来表示。

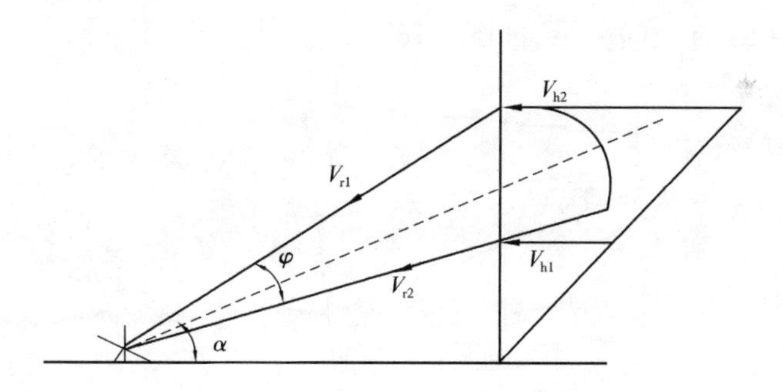

图2.15　风切变造成的径向速度差

当雷达天线指向水平风的上风方向时，在波束宽度半功率点的下界处，粒子的径向速度 V_{r1} 为

$$V_{r1} = V_{h1}\cos\left(\alpha - \frac{1}{2}\varphi\right) \tag{2.56}$$

式中，V_{h1} 为 h_1 高度上的水平风速，α 为天线仰角，φ 为天线波束垂直方向的宽度。

在波束宽度半功率点的上界处，对应的径向速度 V_{r2} 为

$$V_{r2} = V_{h2}\cos\left(\alpha + \frac{1}{2}\varphi\right) \tag{2.57}$$

若仰角 α 和波束宽度均很小（不超过几度），则 V_{r1} 和 V_{r2} 分别近似等于 V_{h1}，V_{h2}，则

$$\Delta V_r = |V_{r1} - V_{r2}| = |V_{h1} - V_{h2}| = kr\varphi \tag{2.58}$$

式中，k 为风场梯度，r 为探测距离。在天线方向图为高斯型分布情况下，ΔV_r 所产生的多普勒速度谱宽 σ_{ws} 为

$$\sigma_{ws} = 0.42kr\varphi \tag{2.59}$$

当天线指向和风向有偏离时，则切变 ΔV_r 及其所产生的 σ_{ws} 均将减小。由于在实际气象中不仅风速随高度而变化，而且风向通常也随高度而变化，因此，当气象雷达天线指向不同方位时，风切变产生的 σ_{ws} 会小于式(2.59)的值。

（2）波束宽度的横向风效应

由于波束存在一定的水平宽度，与波束轴线相垂直的横向风在偏离轴线方向上就有径向分量，如图 2.16 所示。

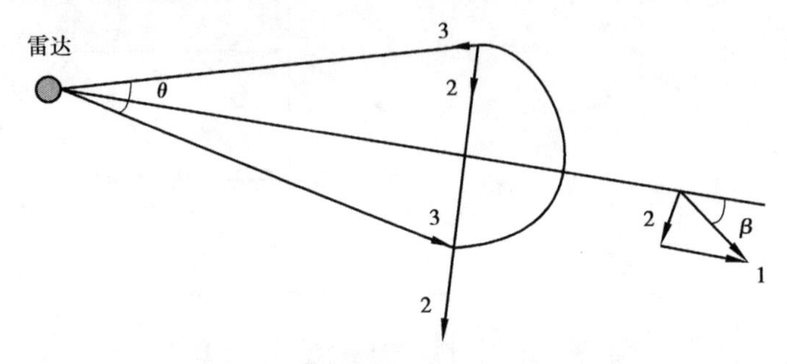

图 2.16　横向风在波束中产生的径向分量

图 2.16 中，1 表示环境风速，2 为横向风分量，3 为横向风分量在波束边缘造成的径向分量。设在波束宽度范围内，风速 V 水平平均，波束轴线方位与风向之间的夹角为 β，则横向分量为 $V\sin\beta$，以 θ 表示以两半功率点为界的水平波束宽度，则在此两侧由横向风分量产生的径向速度之差为 $V\theta\sin\beta$。由图 2.16 可知，两侧的径向速度大小相等、方向相反，所以这种效应造成的径向速度分布的平均值为零。当天线方向图为高斯型时，和上面的切变效应相类似，可导出由波束宽度产生的谱宽 σ_b 为

$$\sigma_b = 0.42v\theta\sin\beta \tag{2.60}$$

(3) 粒子下落速度分布

不同直径的降水粒子具有不同的下落速度,雷达以一定仰角探测时,由它们产生的径向速度就具有一定的分布,因而产生了一定的多普勒速度谱宽 σ_{d},雷达有效照射体积中的降水粒子直径差别越大,则 σ_{d} 越大。因此,此原因产生的谱宽取决于降水粒子的谱分布。

当气象雷达水平探测时(仰角 $\alpha=0$),粒子的下降速度在波束轴线上的径向速度为零。由此产生的谱宽相对于上述的横向风效应产生的谱宽。而当气象雷达垂直指向时,粒子下落速度即为径向速度,所以由此产生的谱宽最大。因此在一定程度上,σ_{d} 与 $\sin\alpha$ 成正比。

(4) 大气湍流

在湍流大气中,有效照射体内一定直径的降水粒子除具有环境风场的平均速度和它本身的下落速度外,还随周围大气的湍流脉动而运动。大一些的粒子,尤其其惯性作用,对小于有效照射体积尺度的大气脉动的响应不如小粒子那样敏感。在脉动速度为高斯分布时,直径为 D 的粒子的速度概率分布 $P_D(v)$ 为

$$P_D(v)=\frac{1}{\sigma(D)\sqrt{2\pi}}\exp\left[-\frac{(v-v_{\mathrm{d}})^2}{2\sigma^2(D)}\right] \tag{2.61}$$

式中,v_{d} 为直径 D 粒子的平均速度,v 为它的瞬时速度,$\sigma^2(D)$ 为该粒子的速度方差。由于粒子的惯性,不同大小的粒子具有不同的速度方差。因此,由湍流效应产生的多普勒速度谱宽 σ_{t} 既依赖于湍流强度本身,也依赖于粒子对大气湍流运动响应的灵敏程度。

2.3.3 风切变

(1) 微下击暴流风切变

风切变是一种大气现象,是指风速在大小或方向上的突然改变;微下击暴流,是指小范围内的一股强烈的下冲气流,近地时因撞击地面而产生的外向发散气流。微下击暴流是风切变的主要形式。就低空范围而言,微下击暴流表现为明显的下冲气流形式。

飞机在起飞或进场着陆过程中,在穿越微下击暴流时,首先遇到下击暴流外流的逆风力量,升力增加,飞机上仰,飞行员通常通过改平进行补偿。但很快飞机遇到下沉气流,最后遇到强烈顺风,此时飞机已失去升力,且没有足够的空速来避免飞机坠地。微下击暴流的外流直径与机场跑道长度相当,因此一旦发生在机场上空,将会严重危害飞行安全。特别对于大型运输飞机,其结构重、惯量大,发动机延迟响应时间长,改变飞机状态更加困难,一旦操作失误,将会造成严重后果[100-105]。

(2) 风切变探测与危险因子

风切变是指风矢量在水平和垂直方向的突变。其衡量标准是两点之间单位距离的风速矢量变化值。风切变对飞机造成最大的威胁是在起飞和着陆期间,而机载前视风切变雷达主要在这两个阶段探测风切变的存在,但是此时飞机高度很低,地杂波回波功率很强,尤其是当天线旁瓣电平较高时,风切变回波信号可能被地杂波完全淹没。因此,要在复杂的机场地杂波背景下探测短暂存在的微下击暴流风切变危险区,具有很重要的意义,但同时又有较大的技术难度。

风切变雷达信号处理的主要任务是从雷达回波中提取风切变回波功率、多普勒风速、谱宽等风切变特征参数以判断风切变是否存在以及其危险程度,多普勒风速是其中最重要的参数。雷达回波通常包括雨回波、地杂波和目标回波。风切变雷达信号处理的一个重要问题就是关于杂波的处理。杂波主要包括地面上静止与运动的物体以及空中运动目标(如雨滴或另外的一架飞机等)的反射回波[108-110]。

风切变雷达在飞机起飞和着陆阶段探测风切变的存在,此时飞机离地面高度很低,地杂波回波功率相当强,是最主要的干扰信号。风速估计首先要排除地杂波的影响,地杂波信号可看作位于零多普勒速度附近的窄带信号。

得到广泛应用的一种衡量风切变危害的尺度是 F 系数,称为危险因子。危险因子是一个可用来测量飞机的性能,从而可以预测飞机航线上的安危。它是在飞行力学基础概念和已知风切变知识的基础上推导出来

的，与飞机的质量和推力无关的一个指标。危险因子 F 定义为[35,111]

$$F = \frac{\dot{W}_x}{g} - \frac{W_h}{v} \tag{2.62}$$

式中，$\dot{W}_x$ 为水平风速分量变化率，W_h 为垂直风速分量，g 为重力加速度，v 为飞机速度。

上述方程定量地确定了风切变对飞机能量状态和爬升能力的影响。危险因子 F 可解释为由于下击暴流、上击暴流和水平风切变造成的推重比的损失和增加。F 的正值表示飞机性能的下降，F 的负值表示大气扰动引起的飞机性能的提高，F 为零时表示大气扰动对飞机性能没有影响。可将 F 分为径向水平分量 F_x 和垂直分量 F_h，径向水平分量 F_x 可表示为

$$F_x = \frac{\dot{W}_x}{\mathrm{g}} = \frac{v_g}{\mathrm{g}} \times \frac{\partial W_x}{\partial X} \tag{2.63}$$

式中，v_g 为飞机地速，$\frac{\partial W_x}{\partial \mathrm{X}}$为风速水平分量的空间导数。

根据式(2.63)，首先由雷达测量各距离单元内的平均速度，然后用多距离单元的最小平方估值，导出各距离单元沿各方位线的速度随距离的变化$\frac{\partial W_x}{\partial \mathrm{X}}$，乘以飞机地速 v_g 并除以 g，即得到风切变危险因子的水平分量 F_x。

对机载前视风切变风场雷达，若雷达测得多普勒频率值，就可精确测得微粒径向速度，也就是测得了相对于水平航线的风切变水平径向风速分量 W_x。但是，风切变的垂直风速分量 W_h 基本上是和雷达天线波束指向是垂直的，因此很难测得。已研究出一种算法，用来估算与测量的水平分量构成函数关系的垂直分量[112-115]。根据质量连续性定理，在给定高度上的垂直风速应当与水平质量散度成正比，即

$$SF = \frac{\text{垂直风速}}{\text{水平散度}} = \frac{W_h}{\frac{\partial W_x}{\partial X} + \frac{W_x}{R}} \tag{2.64}$$

式中,R 为偏离微气流中心的距离。

利用式(2.64)并按前面讨论过的方法估算有关项,可得到垂直风速 W_h,则可得推算出危险因子 F

$$F \approx \frac{v_g}{g}\frac{\partial W_x}{\partial X} - SF\frac{\frac{\partial W_x}{\partial X} + \frac{W_x}{R}}{v_g} \tag{2.65}$$

SF 是关于飞机高度 H 的函数[35]

$$SF = -27 - 0.341H - 0.004\,03H^2 \tag{2.66}$$

当 F 因子超过一定门限(如 $F \geqslant 0.1$)时,给飞行员发出危险警告,使飞行员尽快驾驶飞机回避低空风切变危险区。图 2.17 显示的是当天线打到风场中心时水平危险因子 F_x 与总的危险因子 F 关系图,从图 2.17 上可以看出在第 40 个距离门附近其危险程度最大。

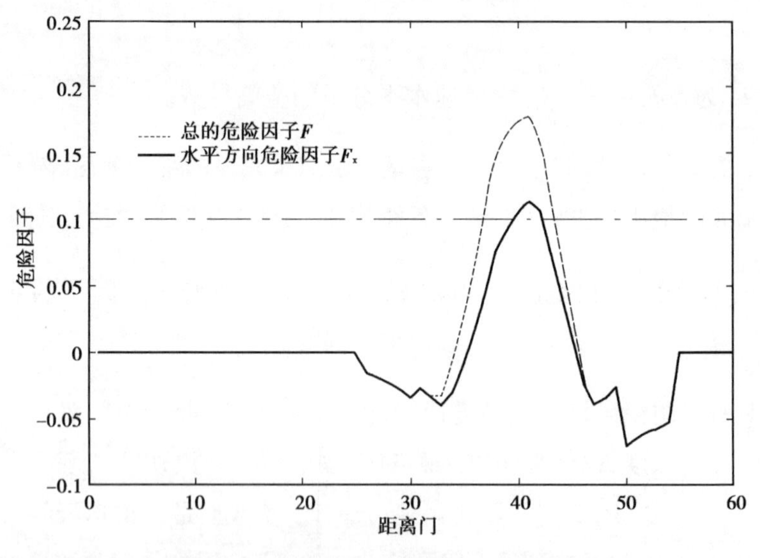

图 2.17　危险因子随不同距离门变化关系

对风切变信号的处理主要有快速傅里叶变换法(fast Fourier transform, FFT)、脉冲对处理方法(Pulse Pair Processing,PPP)以及模式分析法等。

PPP 法避免了较为复杂的功率谱密度函数的计算,简化了处理过程,处理速度高,而且可用一个硬件设备来实现,基本达到了对信号进行实时处理和实时显示的要求。因此,在天气多普勒雷达系统中,普遍采用PPP算法来实现对多普勒参数的运算和求解。在信噪比较低的情况下,PPP法的估计方差较小[111-115],但在杂波模型偏离零多普勒时,可能会使多普勒平均速度估计值产生较大偏差。

模式分析法应用了二阶扩展PRONY方法,利用AR模型产生数据,计算出极点进而对极点模式进行判别,从而得到风场极点对应的速度[116-120]。模式分析法主要包括两部分:回波数据的分析和极点模式的判别。

二阶扩展PRONY算法利用二阶自回归(Autoregressive,AR)模型产生数据。假设序列$y(n)$是由白噪声通过以p阶全极点滤波器建模产生[117]

$$y(n)=\sum_{k=1}^{p}a_k x(n-k) \tag{2.67}$$

由于$y(n)$是由白噪声通过滤波器得到的,因此,噪声的谱函数就是滤波器的频率响应,滤波器的参数将完全决定p阶模型的谱,即

$$S_y(f)=\frac{\sigma^2}{\left|1+\sum_{i=1}^{p}a_i e^{-j2\pi f(iT_s)}\right|^2} \tag{2.68}$$

式中,σ^2是白噪声功率,T_s为脉冲采样间隔。功率谱$S_y(f)$的分母是一特征方程,方程的根决定了频谱的特征,知道系数即可得到信号的功率谱。

求解AR模型系数这里用到了Levinson-Durbin算法。定义a_{mk}为m阶AR模型的第k个系数,ρ_m为m阶时的前向预测的最小误差功率,当AR模型为一阶时,有[118]

$$\begin{bmatrix}R(0) & R(1)\\ R(1) & R(0)\end{bmatrix}\begin{bmatrix}1\\ a_{11}\end{bmatrix}=\begin{bmatrix}\rho_1\\ 0\end{bmatrix} \tag{2.69}$$

$$a_{11}=\frac{-R(1)}{R(0)} \tag{2.70}$$

$$\rho_1=(1-|a_{11}|^2)R(0) \tag{2.71}$$

再定义第m阶时候的第m个系数,即a_{mm}为k_m,k_m称为反射系数,那

么,由 Toeplitz 矩阵的性质,可得到 Levinson-Durbin 递推算法[119-120]

$$k_m = -\left[\sum_{k=1}^{m-1} a_{(m-1)(k)} R(m-k) + R(m)\right] / \rho_{m-1} \tag{2.72}$$

$$a_{mk} = a_{(m-1)k} + k_m a_{(m-1)(m-k)} \tag{2.73}$$

$$\rho_m = \rho_{m-1}\left[1 - k_m^2\right] \tag{2.74}$$

其中

$$R(m) = \frac{1}{N}\sum_{n=0}^{N-1-m} x(n+m)\hat{x}(n) \tag{2.75}$$

PPP 法和 FFT 法是平均风速估计器,仅能对回波信号提取单一的速度参数,也就是说雷达回波信号包括一个以上的主要回波源时,PPP 法和 FFT 法估计的风速就只能是所有的回波源速度的平均。而模式分析法不同于这两种传统算法,它试图对雷达回波信号进行建模,以确定所有主要的回波源。模式分析法首先对每个回波源进行确定,然后再分别将其归类为风场回波或地杂波回波,从而得到风场回波信号的速度。

2.3.4 湍流

湍流是指在一定区域内大气中微粒的速度方差较大的气象目标,是大气的一种剧烈运动形式。湍流运动极不规则、极不稳定,每一点的速度随机地变化着。对于这种运动,把任一点的瞬时物理量用平均值和脉动值来描述。对于脉动量,脉动的频率在每秒$10^2 \sim 10^5$[112-118],其振幅小于平均速度的 10%,虽然脉动的能量很小,但对流动却起决定性作用。

气象目标一般都是由微粒组成,它们在各种速度上以振荡运动的形式移动。湍流目标具有很大的微粒速度极差。速度极差可理解为速度的变化范围,变化范围越大,气象目标的多普勒频谱越宽,湍流越强烈。由于雨、雪和云块是由大量小的可分辨体组成的分布目标。此目标通常是指湍流云块中的每个可分辨体或水珠。图 2.18 表示了湍流目标和非湍流目标的瞬时组成特性[111-113]。

气象雷达识别探测湍流的算法主要有 3 种:功率法、空间谱法和谱宽法[119-124]。

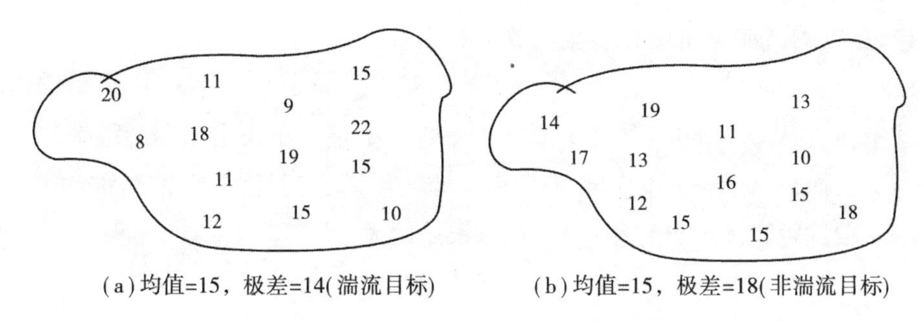

(a)均值=15，极差=14(湍流目标)　　(b)均值=15，极差=18(非湍流目标)

图2.18　湍流目标与非湍流目标示意图

(1)功率法

功率法是指通过后向散射能量直接反映湍流的强度和能量耗散率。根据雷达方程可知,接收和测量到的后向散射功率取决于雷达的灵敏度、测量几何学和目标单位体积内的平均反射率 η,则接受功率 P_r 为

$$P_r = P_t \frac{G^2\lambda^2\theta^2 h}{1\,024\pi^2\ln 2}\frac{\eta}{r^2} \tag{2.76}$$

式中,P_t 为发射功率,η 为平均反射率,G 为天线增益,λ 为波长,r 为离雷达的距离,h 为湍流平均高度,θ 是径向波束宽度。由于受惯性子区域内的湍流影响,反射率指数会发生波动。反射率 η 本身跟折射率指数结构 C_n^2 相关。C_n^2 又与湍流层中的耗散率 ε 存在一定关系。因此,通过雷达回波便可间接计算出湍流耗散率 ε。

(2)空间谱法

空间谱法的原理是雷达接收到随气流一起移动的来自水汽凝结体的后向散射功率,计算沿着雷达波束方向的平均径向速度以及通过傅里叶变换对切向的谱密度函数进行计算。在各向同性湍流的假设下,在惯性子区域内,谱密度函数和湍流耗散率存在一定的关系,因而对相关波数进行积分计算即可得到湍流能量耗散率。在窄波束内,目标物充满波束条件下,径向速度可以被认为平行于波束轴线。因此,对于湍流谱宽各向同性张量的假设可得[125]

$$\Phi_1(K) = \frac{E(K)}{4\pi K^2}\left(1 - \frac{K_X^2}{K^2}\right) \tag{2.77}$$

式中,K 是三维波数值大小,K_X 径向三维波数值大小。是在惯性子区域

内,三维的谱能量密度与湍流耗散率的关系式

$$E(K) = A\varepsilon^{2/3}K^{-5/3} \tag{2.78}$$

式中,A 是无量纲常量(约为 1.6),K 是三维波数值大小,ε 是湍流耗散率。

然而,Srivastava 和 Atlas 发现由于滤波作用,空间谱法会使离雷达位置点较远距离上的分辨率体积增加,误差增大[126-128]。

(3) 谱宽法

目前,气象雷达识别湍流算法用得最多的是谱宽法。在湍流惯性子区域中,每一个分辨率体积的湍流动能耗散率 ε 与湍流谱宽 σ_{T} 存在关系[126-128]

$$\varepsilon = \frac{2.4\sigma_{\mathrm{T}}^3}{R\theta A^{3/2}} \tag{2.79}$$

式中,R 是气象目标距雷达距离,θ 是径向波束宽度,A 是通用常数(取值 1.6)。

雷达实际测量到的谱宽中含有风切变的影响,因而需要将风切变贡献项剔除。风切变产生的谱宽值可得[126-128]

$$\sigma_{\mathrm{s}}^2 = \frac{2\theta^2}{16\ln 2}R^2K^2 \tag{2.80}$$

将雷达测得的谱宽去掉切变项产生的谱宽,便是湍流引起的谱宽增值,通过湍流耗散率与湍流谱宽增值项关系即可求得湍流耗散率 ε。

Brewster 和 Zrnic 等人对同一批雷达数据分别用空间谱法和谱宽法计算出来的湍流耗散率进行对比分析,得出的结论是在超过几十千米的范围上多普勒谱宽法测量耗散率效果要好一些[127]。

目前,气象雷达能够有效探测夹杂雨滴的湿性湍流;而对晴空湍流,雷达还不能够在全程范围有效探测[128-130]。根据 2.1 节所述的多普勒效应,雨滴的相对速度偏差越大,回波信号的多普勒频谱宽度就越宽。因而根据湍流的定义,气象雷达可通过比较回波信号的多普勒频谱宽度来探测湍流。

在气象学中,湍流就是其微粒速度呈现很大的不规律变化的气象状况,其微粒互相混杂迹线极不规则。含有湍流的气象目标具有很大的微

粒速度极差,速度极差可理解为微粒速度变化范围。变化范围越大,气象目标的多普勒频谱越宽,湍流越强烈。通常,目标回波速度谱可用高斯形近似表示。其表达式为

$$S(V)=\frac{P_0}{\sqrt{2\pi}\sigma_v}\exp\left\{-\frac{(V-\overline{V_0})^2}{2\sigma_v^2}\right\}+\frac{2P_N T_S}{\lambda} \tag{2.81}$$

式中,P_0 为信号功率,V 为飞机速度,σ_v^2 为总速度方差,$\overline{V_0}$为平均径向速度,P_N 为噪声功率,λ 为工作波长,T_S 为采样时间间隔。

由于回波信号的频谱宽度除了取决于微粒速度极差外,还与天线波束所照射的目标区域有关。当天线指向正前方,这个区域直接与天线波束宽度成正比;当天线的指向偏离正前方时,由于飞机飞行速度和天线扫描的影响,将产生波束展宽效应,从而使湍流回波信号频谱展宽,形成检测误差。为了校正这一误差,用天线方位角和飞机速度数据来展宽门限,以保证湍流目标的多普勒谱宽度与天线方位角及飞机速度无关。用飞机速度与天线方位角一起修正频谱宽度门限,以补偿角度的速度误差,这将在飞机速度和天线方位角上提供一个一致的湍流警报门限。根据参考文献[103-105]中的参数和数据,本节拟合了飞机速度为 250 m/s 时的门限表达式为

$$y=0.000\,74x^2+5 \tag{2.82}$$

式中,x 表示天线方位角,y 表示微粒速度偏差,如图 2.19 所示。

从图 2.19 可知,在−90°到 90°处,门限变为 11 m/s,说明由于飞机速度的影响使门限展宽了 6 m/s,假设飞机速度与门限展宽之比为定值,容易得出飞机速度为 200 m/s 时门限展宽了 4.8 m/s,飞机速度为 300 m/s 时门限展宽了 7.2 m/s。由此可拟合出飞机速度为 200 m/s 和 300 m/s 时的门限表达式,进一步可拟合出湍流检测门限关于飞机速度和天线方位角的表达式为

$$\begin{aligned}z=&3.07\times10^{-16}x^3+3.51\times10^{-7}y^3+2.96\times10^{-6}x^2y-5.06\times\\&10^{-16}x^2y+2.53\times10^{-13xy}-0.000\,26y^2+4.27\times\\&10^{-14}x^2-3.32\times10^{-11}x+0.006\,5y-0.27\end{aligned} \tag{2.83}$$

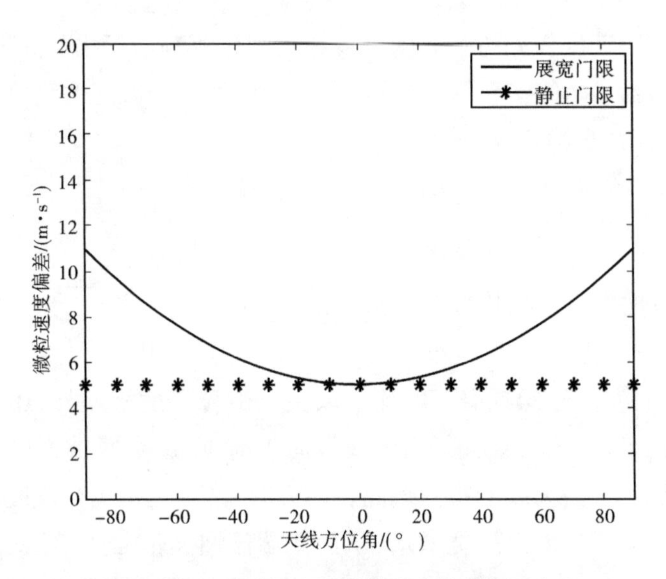

图 2.19　天线方位角对微粒速度偏差的影响

式中,x 表示天线方位角,y 表示飞机速度,z 表示微粒速度偏差,如图 2.20 所示。

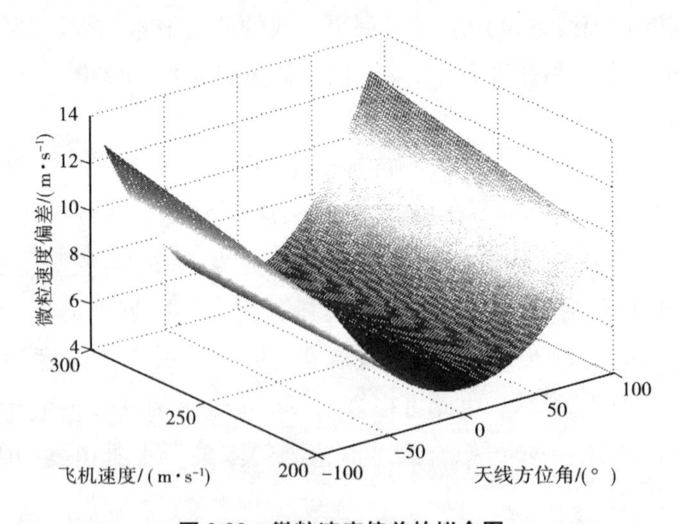

图 2.20　微粒速度偏差的拟合图

图 2.21 中天线方位角范围为 -90°~90°,飞机速度为 200~300 m/s。通过图 2.21 可知,在飞机的正前方,即天线方位角为 0°时,湍流的谱宽与设定的真实值一致。随着方位角的增大,谱宽逐渐变大。同时,飞机速度

对于谱宽测量也是有影响的。从图 2.22 可知,飞机速度越大,谱宽测量对于方位角的变化越敏感,变化越明显。这是因为飞机与微粒的相对运动引起了回波信号谱宽的展宽,而且在不同的位置和不同的飞机速度时展宽程度不一样。

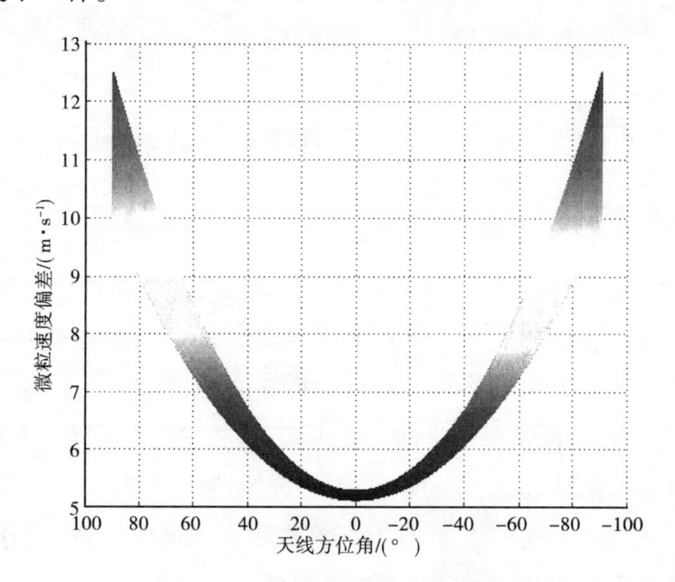

图 2.21　天线方位角对微粒速度偏差影响

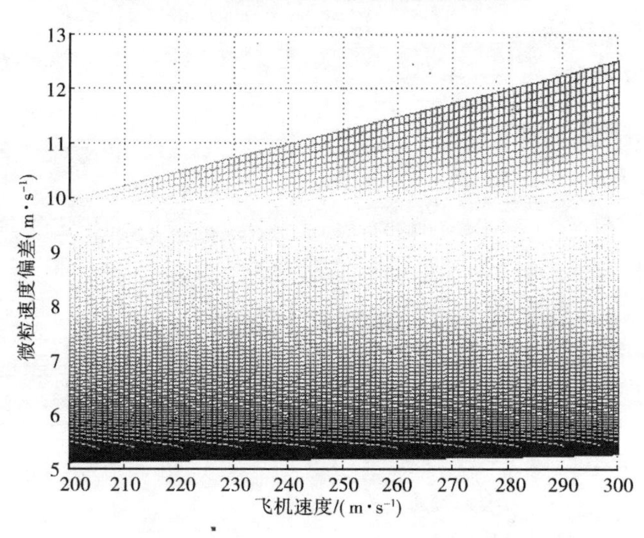

图 2.22　飞机速度对微粒速度偏差影响

2.4 本章小结

本章作为本书的理论基础，主要研究了气象雷达回波信号和目标检测的相关原理。

首先分析了气象雷达探测气象回波的主要原理——多普勒效应。同时，重点分析了云、雾、雨回波，并对气象目标的微粒性、叠加性和随机性进行了深入分析。

其次研究了影响气象目标多普勒速度宽度的气象因子（风切变、大气湍流、天线波束宽度、气象微粒降落速度之差），其中重点对风切变和湍流的影响进行了深入研究。对风切变这一独特的大气现象进行了分析，由于微下击暴流是风切变的主要形式，紧接着分析了微下击暴流的成因和特点，同时把风切变分为顺风切变、逆风切变、侧风切变及偏风切变，并引入了危险因子这一概念，这对研究微下击暴流对飞机所造成的危害程度有重要意义。

最后分析了湍流探测方法，并研究了飞机速度和天线方位角对湍流检测门限的影响。

第 3 章
风切变目标回波建模与仿真

3.1 引　言

风切变尤其是低空风切变对飞机所造成的危害最大,低空风切变一般是指高度 600 m 以下风向风速突然变化的现象。航空气象上,根据风场的结构,风切变主要可由 3 种基本情况来表示:水平风的垂直切变、水平风的水平切变和垂直风的水平切变。在实际大气中,这 3 种风切变既可以单独存在并影响飞行,也可能同时出现以影响飞行。根据飞机相对于风矢量间的不同情况,又可把风切变分为顺风切变、逆风切变、偏风切变及侧风切变 4 种形式[164-170]。低空风切变的尺度和强度与产生风切变的天气系统和环境条件密切相关,而且对飞行的影响程度也不相同。

人们相继发明了很多可以探测风场以及风切变的设备,包括地面风速计、经纬仪、无线电探空仪、风廓线雷达、激光雷达、多普勒气象雷达、多普勒声雷达及机载传感器等,形成了多种独立探测手段和联合探测系统,包括基于风速计的低空风切变探测系统(LLWAS)、终端多普勒气象雷达

(TDWR)、激光雷达告警系统(LRAS)和风廓线雷达等[175],在很多机场安装了风切变探测系统。在飞行仿真建模中,风场建模是一个重要组成部分。目前,关于微下击暴流的建模方法主要有3种:一是通过实测风场数据,建立特定天气条件下的变化风场数据库,如美国的JAWS计划等,这种方法只能反映当时当地的风场;二是建立基于流体力学和大气动力学原理的数值模型,模拟整个风场从发生到发展的全过程,模型求解非常复杂;三是建立反映微下击暴流本质特征的工程化模型。对于飞行实时仿真而言,要求在仿真时间步长内实时计算出该时刻飞机机体特征点处的风速矢量值,从而满足实时计算的要求;微下击暴流模型的参数要求可重配置,具有一定的灵活性。因此,建立工程化模型是首选。

由于风切变现象属于小概率事件,其存在时间只有短短几分钟,且不具备重复性,若依靠现场试验的方法进行研究,不但成本很高,而且危险性相当大。因此,本章主要研究机载雷达风切变目标回波的数学建模与仿真方法。

3.2 风场特性分析

3.2.1 普通风场

气象雷达系统获取的径向速度分布数据,在某些特定的条件下,通过反演可获取某高度平面上的平均径向风速、二维风速、三维风速。获得某高度上的风向风速主要有速度-方位显示(Velocity Azimuth Display,VAD)技术[163-167],这是一种将气象雷达测得的同距离圈上多普勒速度值点绘在以方位为横坐标、以多普勒速度为纵坐标的图上,从而可求出该距离圈所在高度的风向风速。

若各高度上的风场水平平均,即风向风速不随方位角变化,假设为西风,如图3.1所示。

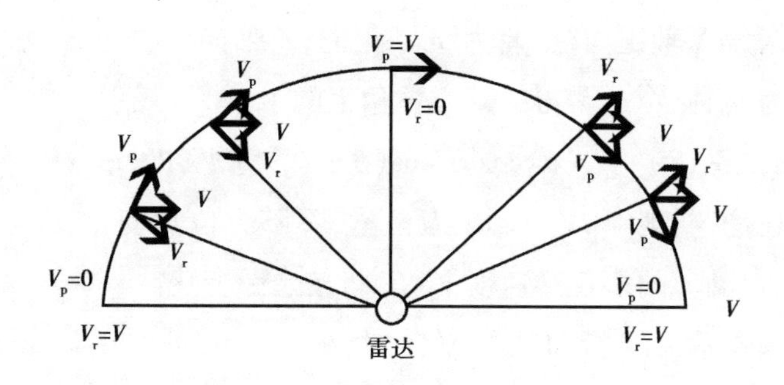

图 3.1　风在雷达径向上投影示意图

图 3.1 中，V 为风速，V_r 为径向速度，V_p 为切向速度。由于气象雷达指向不同，V 在径向上的投影也不同。当雷达指向北时（0°），由于风向与雷达指向垂直，因此雷达测得的多普勒速度为零；当雷达指向东时（90°），测得的多普勒速度数值大小即为风速值，且风向与雷达指向抑制，则多普勒速度值为正值 V；当雷达指向为西时（270°），由于风向与雷达指向相平行，测得的多普勒速度数值大小即为风速值，但由于风朝向雷达，则多普勒速度值为负值 V。

当天线以某一个固定仰角 α 作方位旋转扫描时，气象雷达测得的多普勒速度不但和所在高度上的水平速度 V_h 和垂直速度 V_f 有关，还与气象雷达的方位角和仰角有关，如图 3.2 所示[130-133]。

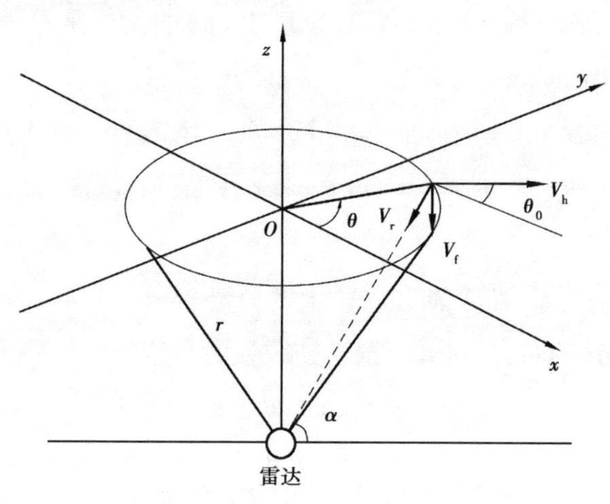

图 3.2　锥体扫描示意图

以正东为 X 轴正向,正北为 Y 轴正向,Z 轴向上位正,令水平风和 X 轴的夹角为 θ_0,则雷达测得的某方位角上的 $V_r(\theta)$ 可表示为

$$V_r(\theta) = V_h(\theta)\cos\alpha\cos(\theta - \theta_0) + V_f(\theta)\sin\alpha \tag{3.1}$$

若风场均匀,则 V_f,V_h 和 θ_0 为常量,不随方位角变化,由式(3.1)可知,某一固定圈上的多普勒速度 $V_r(\theta)$ 将按余弦变化。

当气象雷达天线指向风的来向时,$\theta=\theta_0+\pi$,此时的多普勒速度为 V_{r1} 为

$$V_{r1} = -V_h\cos\alpha + V_f\sin\alpha \tag{3.2}$$

当天线指向水平风的下风方向时,$\theta=\theta_0$,此时多普勒速度为 V_{r2} 远离雷达方向,则

$$V_{r2} = V_h\cos\alpha + V_f\sin\alpha \tag{3.3}$$

通过式(3.2)和式(3.3),可求出探测高度上的水平风速 V_h 和垂直风速 V_f 分别为

$$V_h = \frac{V_{r2} - V_{r1}}{2\cos\alpha} \tag{3.4}$$

$$V_f = \frac{V_{r1} + V_{r2}}{2\sin\alpha} \tag{3.5}$$

当水平风场不均匀时,多普勒速度 $V_r(\theta)$ 的变化是一个远比余弦曲线复杂多的变化曲线。对式(3.1)进行展开,可得

$$\begin{aligned} V_r(\theta) &= V_h\cos\theta\cos\theta_0\cos\alpha + V_h\sin\theta\sin\theta_0\cos\alpha + V_f(\theta)\sin\alpha \\ &= u\cos\theta\cos\alpha + v\sin\theta\cos\alpha + V_f(\theta)\sin\alpha \end{aligned} \tag{3.6}$$

式中,u,v 分别为 V_h 在 X 轴和 Y 轴上的分量。

在式(3.6)的右边,将 u、v 按泰勒级数展开,则有

$$u = u_0 + u_x r\cos\theta + u_y r\sin\theta \tag{3.7}$$

$$v = v_0 + v_x r\cos\theta + v_y r\sin\theta \tag{3.8}$$

式中,u_x,u_y,v_x,v_y 分别为 u,v 分量的一阶偏导数在中心的取值;r 为测点的距离;$x=r\cos\theta$,$y=r\sin\theta$。

设 V_f 水平平均,将式(3.7)、式(3.8)代入式(3.6)中,可得

$$V_r(\theta) = u_0 \cos\theta\cos\alpha + v_0 \sin\theta\cos\alpha + \frac{1}{2}(u_x + v_y) r\cos\alpha + \frac{1}{2}(u_x - v_y) r\cos 2\theta\cos\alpha + \frac{1}{2}(u_y + v_x) r\sin 2\theta\cos\alpha + V_f\sin\alpha \tag{3.9}$$

式中,u_0 和 v_0 分别为平均风的风向量,(u_x+v_y) 为水平风场散度,(u_y+v_x) 和 (u_x-v_y) 为水平风场的形变,它们分别对应于方位角 θ 的一次、零次和二次谐波。同时,将 $V_r(\theta)$ 按方位角展开成傅里叶级数,则有

$$V_r(\theta) = \frac{1}{2}a_0 + \sum_{n=1}^{\infty}(a_n\cos n\theta + b_n\sin n\theta) \tag{3.10}$$

对比式(3.9)和式(3.10)的谐波项系数,可得

$$a_0 = (u_x + v_y) r\cos\alpha + \frac{1}{2}(u_x - v_y) + 2V_f\sin\alpha; a_1 = u_0\cos\alpha \tag{3.11}$$

$$b_1 = v_0\cos\alpha; a_2 = \frac{1}{2}(u_x - v_y)\ r\cos\alpha; b_2 = \frac{1}{2}(u_y + v_x) r\cos\alpha \tag{3.12}$$

$$a_n = 0, n \neq 0,1,2; b_n = 0, n \neq 1,2 \tag{3.13}$$

于是,可求出水平风场各参量的表达式如下:

水平风速为

$$V_h = \frac{\sqrt{a_1^2 + b_1^2}}{\cos\alpha} \tag{3.14}$$

水平风向为

$$\theta_0 = \begin{cases} \dfrac{\pi}{2} - \arctan\dfrac{a_1}{b_1} & b_1 < 0 \\ \dfrac{3\pi}{2} - \arctan\dfrac{a_1}{b_1} & b_1 > 0 \end{cases} \tag{3.15}$$

水平风散度为

$$\mathrm{div}(V_{\mathrm{h}}) = \frac{a_0}{r\cos\theta} + \frac{2V_{\mathrm{f}}}{r}\tan\alpha \tag{3.16}$$

若气象雷达探测仰角较低,或者某个距离圈上所对应高度上的垂直气流 V_{f} 较小,式(3.16)可简化为

$$\mathrm{div}(V_{\mathrm{h}}) = \frac{a_0}{r\cos\theta}$$

水平风的形变为

$$\mathrm{Def}(V_{\mathrm{h}}) = 2\frac{\sqrt{a_2^2 + b_2^2}}{r\cos\alpha} \tag{3.17}$$

形变轴取向角为

$$\upsilon = \begin{cases} \dfrac{\pi}{4} - \dfrac{1}{2}\arctan\dfrac{a_2}{b_2} & b_2 < 0 \\ \dfrac{4\pi}{3} - \dfrac{1}{2}\arctan\dfrac{a_2}{b_2} & b_2 > 0 \end{cases} \tag{3.18}$$

式(3.15)和式(3.18)中的 θ_0 和 υ 均以逆时针方向为正。

天线扫描一周,对某一距离圈每隔一定方位角测量到一个 V_{r} 值,即可得到 $V_{\mathrm{r}}(\theta)$ 分布,从而傅里叶级数中各系数可确定为

$$a_0 = \frac{2}{M}\sum_{i=1}^{M} V_{\mathrm{r}i};a_1 = \frac{2}{M}\sum_{i=1}^{M} V_{\mathrm{r}i}\cos\theta_i;b_1 = \frac{2}{M}\sum_{i=1}^{M} V_{\mathrm{r}i}\sin\theta_i \tag{3.19}$$

$$a_2 = \frac{2}{M}\sum_{i=1}^{M} V_{\mathrm{r}i}\cos 2\theta_i;b_2 = \frac{2}{M}\sum_{i=1}^{M} V_{\mathrm{r}i}\sin 2\theta_i \tag{3.20}$$

式中,M 表示某一个距离圈上由速度值的总数,i 表示点的序号,θ_i 表示第 i 个点的方位角,$V_{\mathrm{r}i}$表示第 i 个点的多普勒速度。根据式(3.19)和式(3.20)计算出来的各系数,将各系数代入式(3.14)—式(3.18),则可求出平均风速、平均风向和平均形变。

3.2.2 风切变风场

根据飞机相对于风矢量间的不同情况,可把风切变分为顺风切变、逆风切变、侧风切变及偏风切变。其示意图如图 3.3(a)—(d)所示[34-36]。

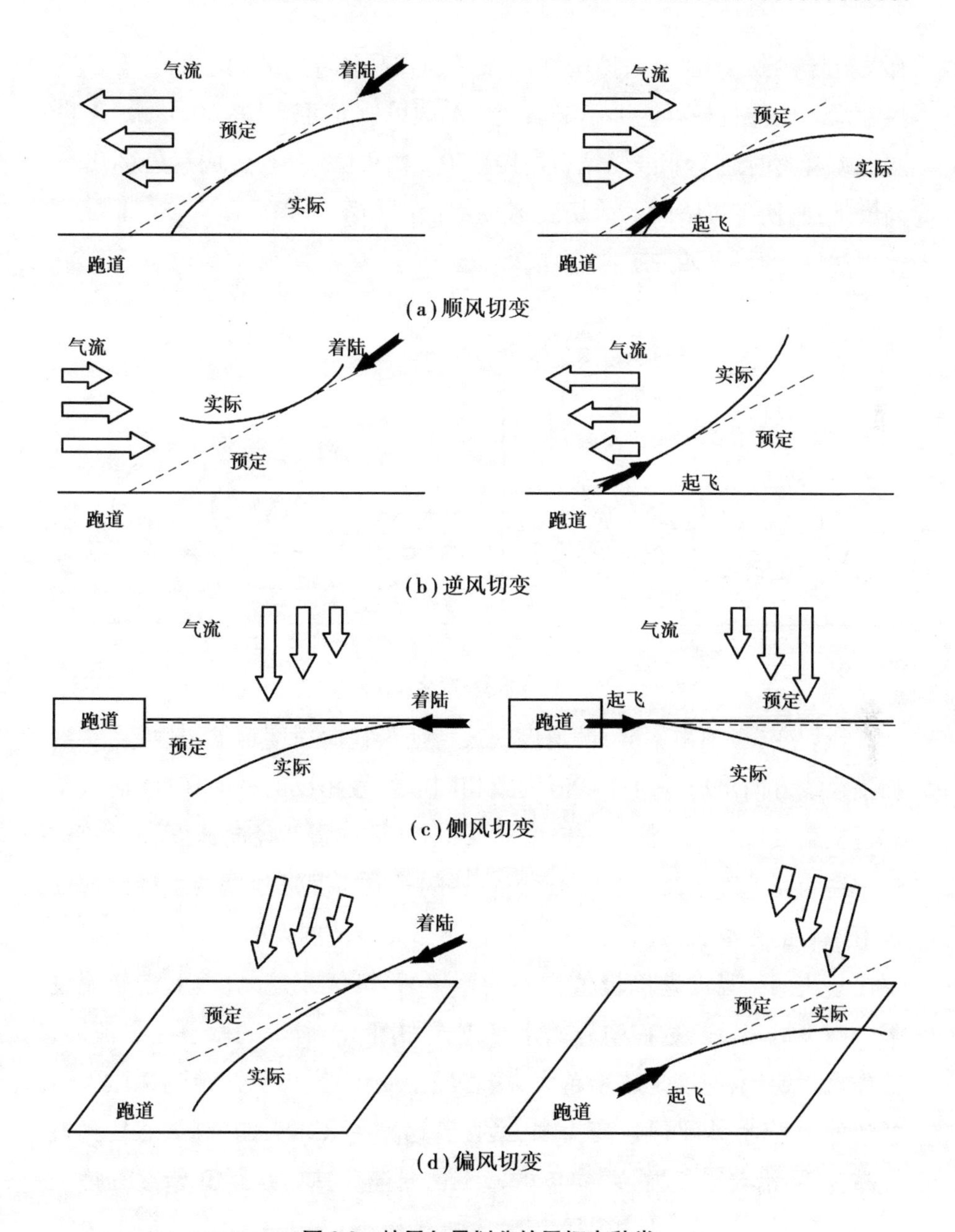

图 3.3　按风矢量划分的风切变种类

微下击暴流是风切变的主要形式,它是指小范围内的一股强烈的下冲气流,近地时因撞击地面而产生的外向发散气流。就低空范围而言,则表现为明显的下冲气流形式。其平均宽度为几千米到几十千米,存在寿命为几十秒到十几分钟，撞击地面以后，向四周发散，并向上翻卷形成突风前沿。延伸直径可达 1~3 km，逆风和顺风速度可达 10~50 m/s。飞机起飞或降落时遇上下击暴流，往往在 30 s 内失去空速，造成意外的飞行高度下掉，使飞机坠毁。风切变风场剖面图如图 3.4 所示[68-70]。下沉气流到达地面时，向四周扩散，形成外流。

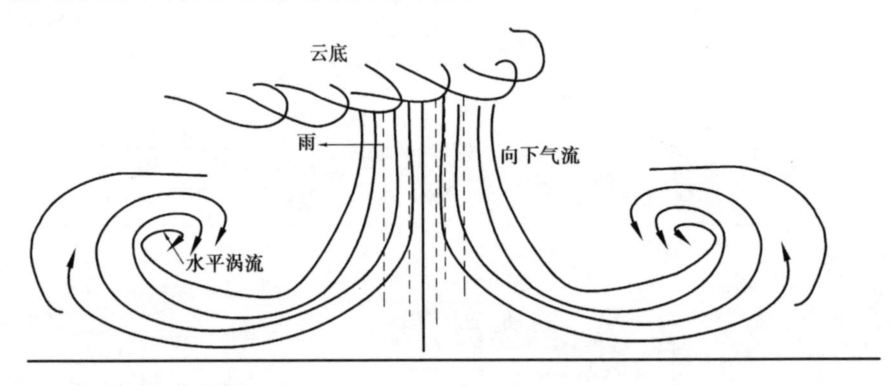

图 3.4　风切变风场剖面图

风切变（微下击暴流）的速度回波特征为径向速度辐散，其特点是沿扫描径线方向出现一对速度值大致相同而符号相反的径向速度，而且是靠近机载气象雷达一侧为负速度极值中心（即向雷达径向速度），远离雷达一侧为正速度极值中心（即远离雷达的径向速度），根据两个径向速度极值中心的距离长短可以大致判断微下击暴流范围大小与强度大小。微下击暴流两个径向速度极值中心的距离短，极值差越大，微下击暴流越强。当飞机在着陆过程中开始水平进入如图 3.3 所示的微下击暴流时，首先遭遇逆风，速度是越来越大，接着慢慢变小；当飞机开始到达微下击暴流的中心时，水平风速变为零；紧接着遇到越来越大的顺风，然后又慢慢减为零；沿着飞机航迹，向下的微下击暴流风速是从零开始逐渐增大的，在下击暴流中心处达到最大，直至逐渐较小，直到减为零。

根据水平风 w_x 和垂直风 w_y 的变化规律，可建立风切变风场模型为

$$\begin{cases} w_x = A\sin(\omega_0 t + \varphi_0) \\ w_y = B[1 - \cos(\omega_0 t + \varphi_0)] \end{cases} \tag{3.21}$$

式中,A 和 B 分别表示水平风和垂直风的幅度,$\omega_0 = 2\pi/t_0$,t_0 为飞机穿过微下击暴流的总时间,φ_0 为初相位。

对式(3.21)中时间 t 求导,可得出 w_x 和 w_y 随时间的变化的表达式为

$$\begin{cases} \dot{w}_x = A\omega_0 \cos(\omega_0 t) \\ \dot{w}_y = B\omega_0 \sin(\omega_0 t) \end{cases} \tag{3.22}$$

由于微下击暴流的突发性,在很短的时间范围内其水平风速和垂直风速都是在变化的,如图 3.5 所示。

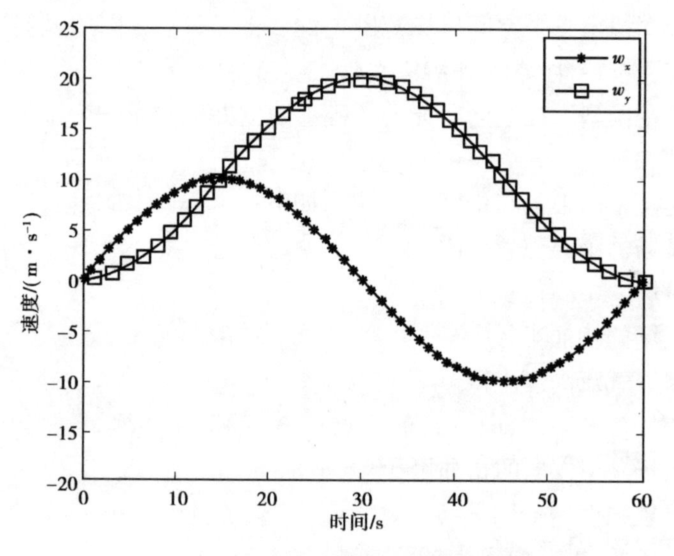

图 3.5　风速随时间的变化关系

图 3.5 显示的在风场强度为$(A,B)=(10\ \text{m/s},20\ \text{m/s})$时,水平风和垂直风随时间的变化规律,从图 3.5 中可以看出微下击暴流具有钟形变化规律,且在中心处达到最大值。

实际风切变风场中风速随高度和时间而变化,难以把它准确地描述成高度和时间的函数。研究风切变风场对飞机运动的影响需要建立风场模型。所建立的风场模型要与研究的目的以及整个系统的真实性相一致,这就对风场模型提出了两个基本要求:一是数学模型本身要反映物理实际。能够抓住物理本质,保证本身的正确性。对风场模型来说,就是要

符合实际,模拟的值与实际观测值要相差不大,满足工程应用的精度。二是风场模型适用于飞机运动特性仿真。

3.3 风场建模与仿真

3.3.1 风切变风场模型

为了模拟出整个空间风场范围内的 X-Y-Z 3 个方向的风场速度。根据风切变风场特性,本人和参考文献[34-35]的作者在同一个课题组共同研究风切变模型。在共同研究的基础上建立并完善了一个微下击暴流的风场模型。

风场模型的参数与中间变量说明如下:

- 风场的中心位置 x 向　a_x
- 风场的中心位置 y 向　a_y
- 风场的特征半径　R
- 水平气流高度上限　h_a
- 初始参考速度,向下为正　V_0
- 风场 x,y 方向的扭曲因子　GX,GY
- 风场强度增益因子　G_w
- 飞机的高度,向上为正　H
- 飞机沿 y 轴向的位置坐标　Y
- 飞机沿 x 轴向的位置坐标　X
- X 向环境风速　w_x
- Y 向环境风速　w_y
- 风场的 X 向风速　V_x(初始值 $V_{x0}=w_x$)
- 风场的 Y 向风速　V_y(初始值 $V_{y0}=w_y$)
- 风场的 Z 向风速　V_z(初始值 $V_{z0}=0$)
- 单位换算　1 ft =0.304 8 m

(1)**垂直气流的速度**

①计算飞机的径向距离

$$X_p = X - a_x \tag{3.23}$$

$$Y_p = Y - b_x \tag{3.24}$$

$$d = \sqrt{(X - a_x)^2 + (Y - a_y)^2} \tag{3.25}$$

其中,为避免下一步除0,设 d 最小值为2.0。

②计算 l,一个有关飞机位置、暴流位置和扭曲因子的参量

$$\beta = \frac{X_p}{d} \cdot \frac{GX}{f} + \frac{Y_p}{d} \cdot \frac{GY}{f} \tag{3.26}$$

$$\delta = R \cdot \beta \cdot f \tag{3.27}$$

$$f = \sqrt{GX^2 + GY^2} \tag{3.28}$$

$$l = \delta + \sqrt{\delta^2 + R^2 \cdot (1 - f^2)} \tag{3.29}$$

其中,为避免除0,f 最小值为0.002,l 最小值为2.0。

③计算高度方向 Z 向的径向速度分量

$$\begin{cases} V_{zr} = G_w \times V_0 & H \geqslant h_a \\ V_{zr} = G_w \times V_0 \cdot \left[1 - \left(\dfrac{h_a - H}{h_a}\right)^2\right] & \text{其他} \end{cases} \tag{3.30}$$

④垂直气流径向分布(由径向比率表示)

$$\Delta = \frac{d}{0.6 \cdot l} \tag{3.31}$$

$$\begin{cases} V_z(k,i,j) = -V_{zr} & \Delta < 1.0 \\ V_z(k,i,j) = -V_{zr} \cdot [1 - \cos(\Delta \cdot \pi)]/2 & 1.0 \leqslant \Delta \leqslant 2.0 \\ V_z = 0 & \Delta > 2.0 \end{cases} \tag{3.32}$$

由这个 Z 向的速度可以看出,垂直梯度只出现在 $1.0 \leqslant \Delta \leqslant 2.0$ 时,其他空间区域的 Z 向速度分量为恒定的值。

(2)**水平气流的径向速度**

①径向速度分布变量 V_{rd} 是在 $\Delta = 1.0$ 的条件下由高度变量 H 定义的,即

$$\begin{cases} V_{rd} = 0 & H \geqslant h_a \\ V_{rd} = 0.6 \cdot G_w \cdot V_0 \cdot \dfrac{l}{h_a^2} \cdot (h_a - H) & \text{其他} \end{cases} \tag{3.33}$$

注意:考虑近地边界速度衰减,即当 $H < 50$ 时,$V_{rd} = V_{rd} \cdot (0.65 + 0.0045 \cdot H)$。

②径向速度 V_r 由距垂直轴距离计算，即

$$\begin{cases} V_r = \Delta \cdot V_{rd} & \Delta < 1.0 \\ V_r = V_{rd} \cdot (\Delta - 1.2 \cdot (\Delta - 1)^2 + 0.52 \cdot (\Delta - 1)^5) & 1.0 \leqslant \Delta \leqslant 2.0 \\ V_r = 2.2 \cdot V_{rd}/\Delta & \Delta > 2.0 \end{cases} \tag{3.34}$$

③计算 x,y 方向的径向速度分量

$$\begin{cases} V_x = \dfrac{X_p \cdot V_r}{d} \\ V_y = \dfrac{Y_p \cdot V_r}{d} \end{cases} \tag{3.35}$$

(3)风场各向风速计算

微下击暴流风场的各向风速分量是由各自的径向速度分量和初始环境速度分量组成，因此，由以上推导可得到风速的各向分量为

$$\begin{cases} V_x = V_{x0} + V_x \\ V_y = V_{y0} + V_y \\ V_z = V_{z0} + V_z \end{cases} \tag{3.36}$$

3.3.2 风场仿真

对 12 kft×12 kft×1 kft 的机场空间区域进行了 120×120×50 网格划分，每个网格大小为 100 ft×100 ft×20 ft。特征半径取 $R=2$ kft，取风切变的延伸直径为 1~3 km，水平风场高度为 1 kft。X 为垂直于飞机航向的，右为正；Y 为飞机航向为正，Z 为飞机跑道以上的地面高度，向上为正；风场的中心位置在$(x,y)=(1\text{ kft},1\text{ kft})$。

(1)对称风场仿真

首先考虑对称风场条件下，在风场坐标系下，不考虑当时当地的环境风速，风场径向速度分量($H=300$ ft)、风场中心垂直截面图、水平外流风场($H=100$ ft)以及三维风场抽样图如图 3.6—图 3.9 所示。其中，箭头的浓度代表风场强度，箭头方向代表风向。

在利用上述风场模型产生的对称风场中，当 X 向、Y 向风场范围相同时，其 X 向、Y 向的径向速度分量相同，即图 3.6 中 V_x 与 V_y 是重合的。

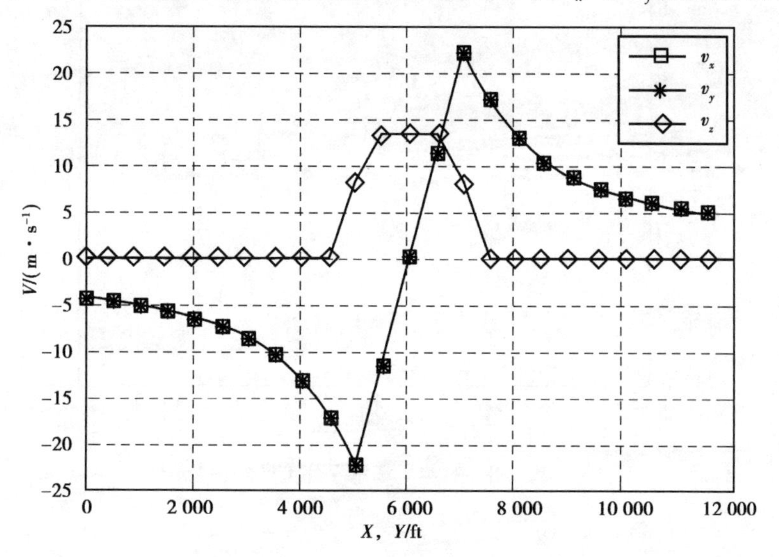

图 3.6　对称风场径向速度分量

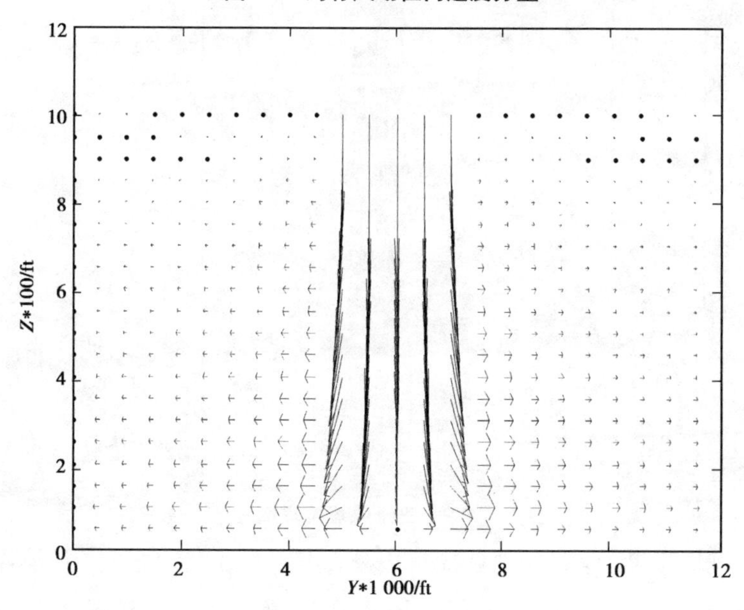

图 3.7　微下击暴流中心垂直截面图

结合图 3.7—图 3.9 可以看出，微下击暴流到垂直高度为 1 000 ft（水

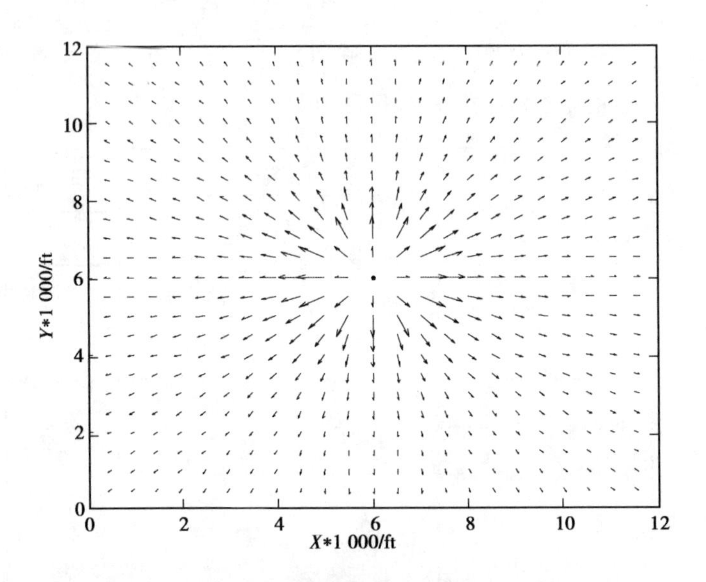

图 3.8　对称风场水平外流风场

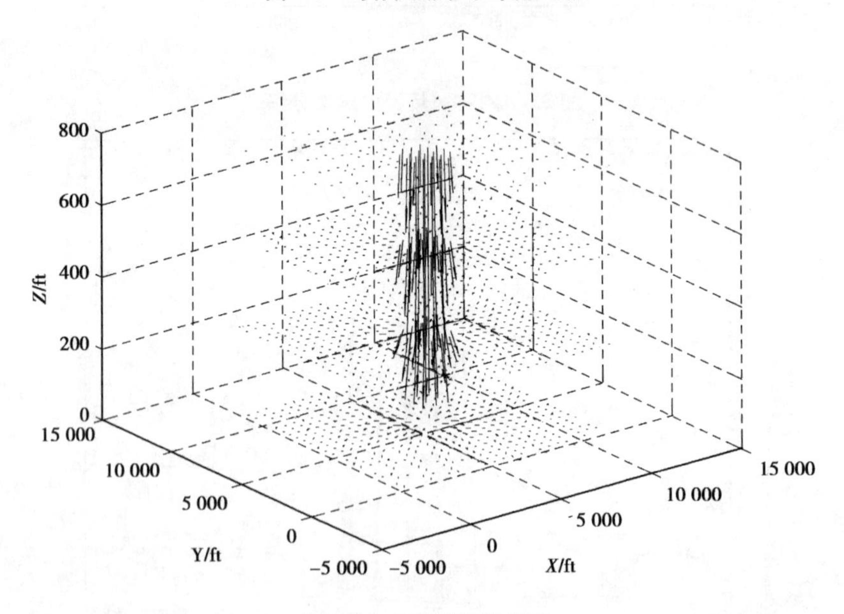

图 3.9　三维风场抽样图

平外流风场高度)时开始向四周形成外流气流,沿 Y 轴方向,也即沿飞机航向,先是进入逆风区,经过下击暴流中心,然后是进入顺风区;从图 3.4 所示的风切变风场剖面图可以看出,实际中飞机进入风场时也是先遇到迎头风然后是顺风,因此,所建立的风场与实际情况一致,能够较接近地模拟出实际风场特性。

(2) 非对称风场仿真

由于风切变可分为顺风切变、逆风切变、侧风切变及偏风切变。按照 4 种风场条件的特征修改模型中 GX(*X* 轴向扭曲因子)、GY(*Y* 轴向扭曲因子)变量分别得到 4 种风场条件下风场径向速度分量(*H*= 300 ft)、水平外流风场(*H*= 100 ft)以及风场中心垂直截面图,如图 3.10—图 3.12 所示。

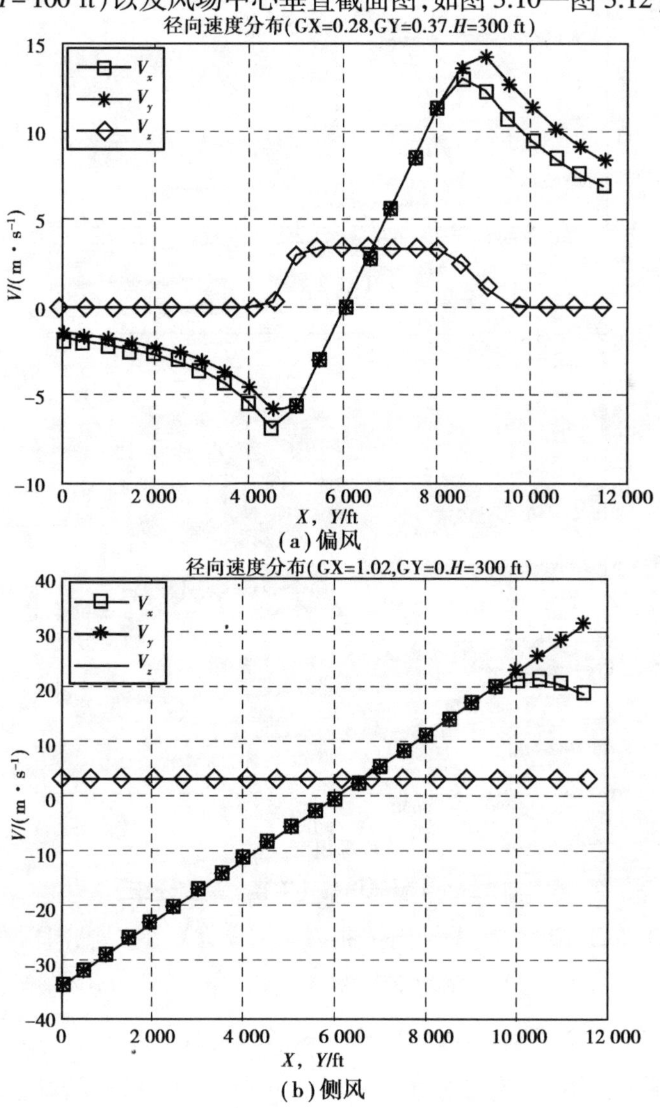

(a)偏风

(b)侧风

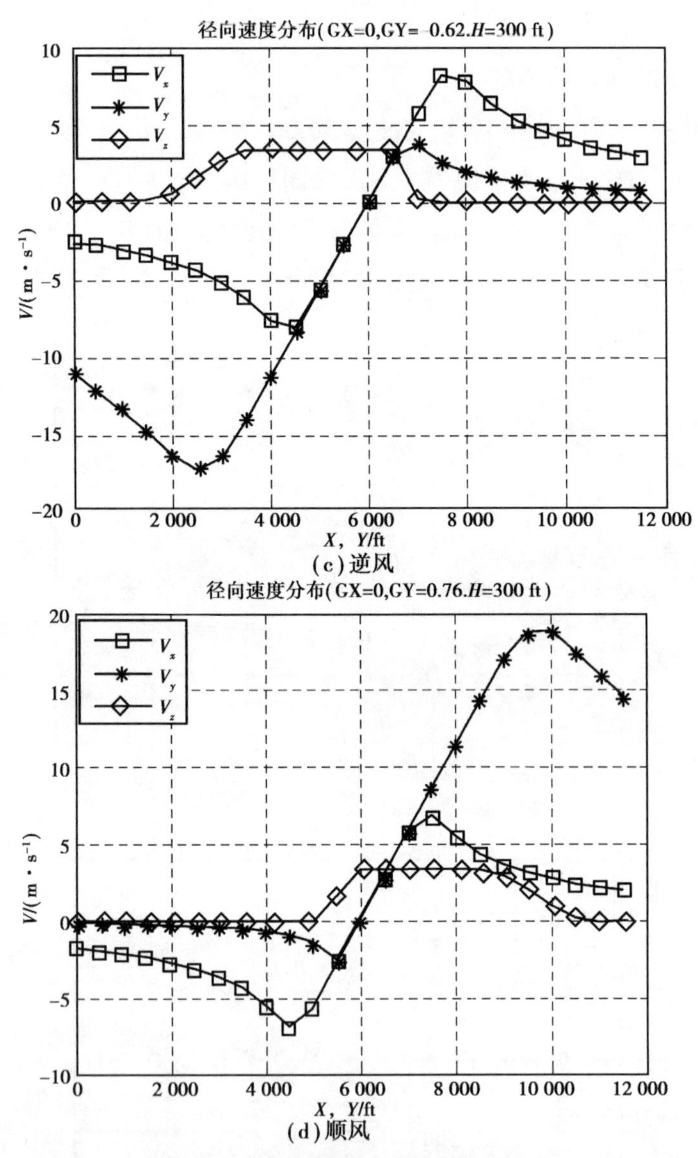

(c)逆风

(d)顺风

图 3.10　4 种风场条件下径向速度分量

图 3.10(a)显示的在 X 轴向扭曲因子 GX 为 0.28,Y 轴向扭曲因子 GY 为 0.37 下的径向速度分布(偏风情形)。图 3.10(b)—(d)分别是在 GX = 1.02,GY = 0(侧风情形)、GX = 0,GY = −0.62(逆风情形)、GX = 0,GY = 0.76(顺风情形)下的径向速度分布。从图 3.10(a)—(d)可以看出,改变 X 轴

向或(和)Y 轴向扭曲因子只会改变某一方向上风场的扭曲程度,并不影响 Z 向风速。参考文献[34]在 GX = 0.3,GY = 0.4;GX = 1,GY = 0;GX = 0,GY = -0.5;GX = 0,GY = 0.5 的情形下分析了不同风场下的径向速度分量。

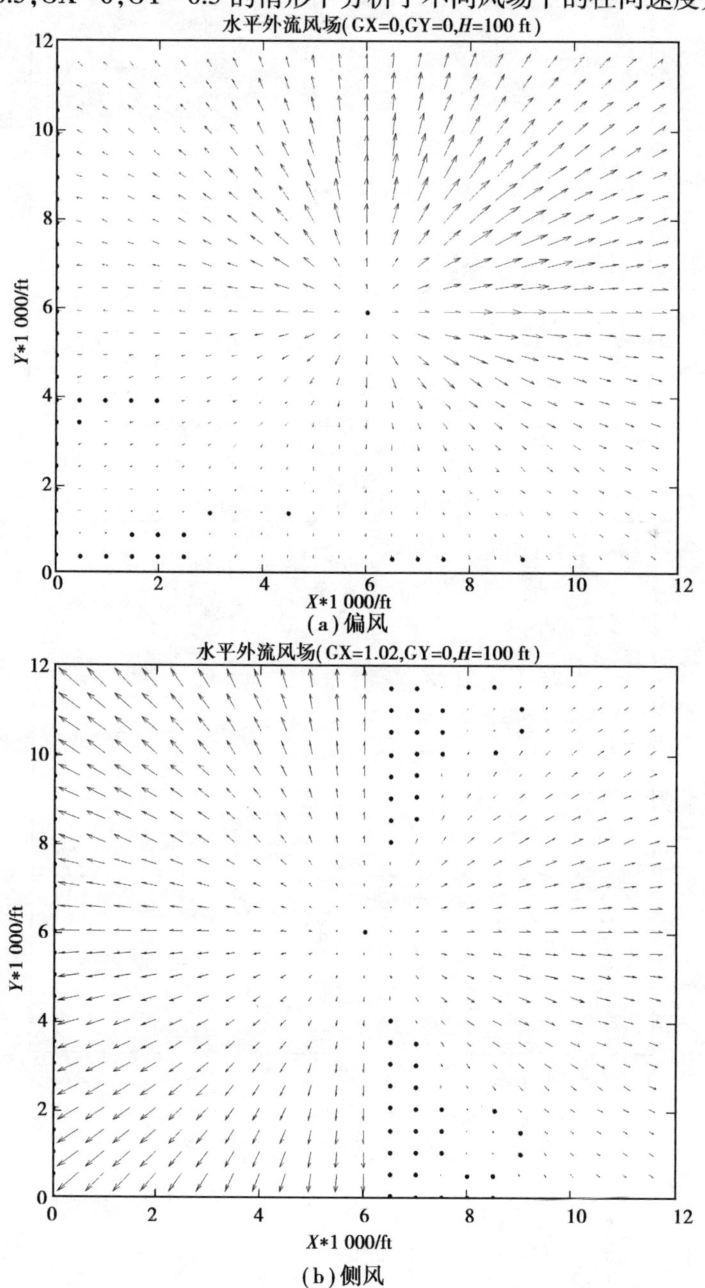

(a)偏风

(b)侧风

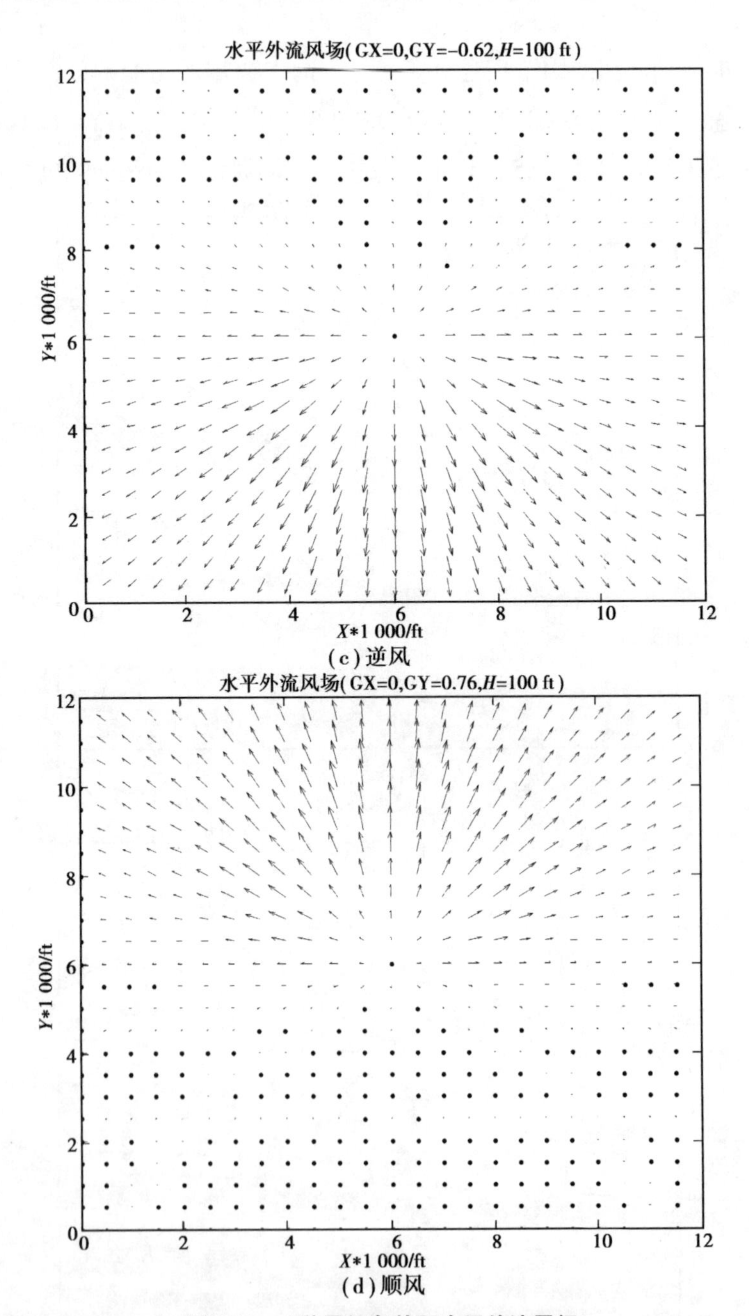

(c)逆风

(d)顺风

图 3.11　4 种风场条件下水平外流风场

图 3.11(a)显示的是在扭曲因子 GX=0.28,GY=0.37(偏风情形)下的水平外流风场。图 3.11(b)显示的是在扭曲因子 GX=1.02,GY=0(侧风情形)下

的水平外流风场。图 3.11(c)显示的是在扭曲因子 GX=0,GY=−0.62(逆风情形)下的水平外流风场。图 3.11(d)显示的是在扭曲因子 GX=0,GY=0.76(顺风情形)下的水平外流风场。参考文献[34]是在 GX=0.3,GY=0.4;GX=1,GY=0;GX=0,GY=−0.5;GX=0,GY=0.5 的情形下得出的水平外流风场。

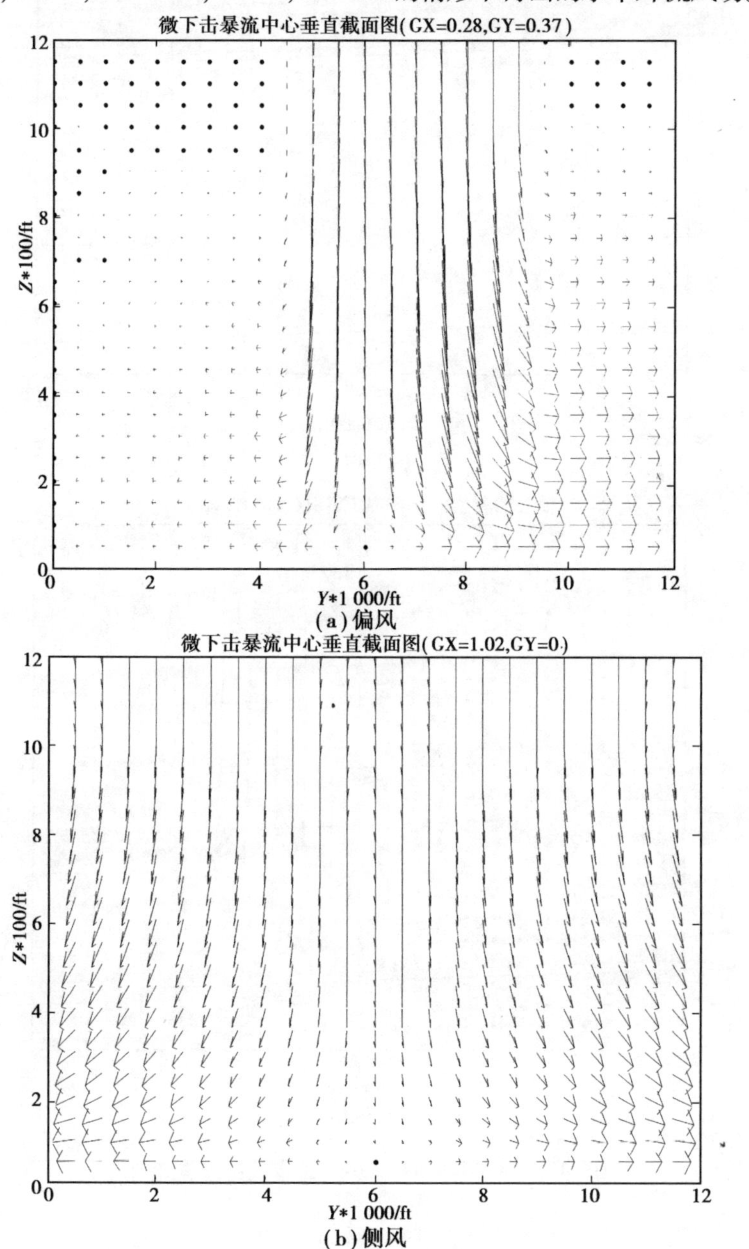

(a)偏风

(b)侧风

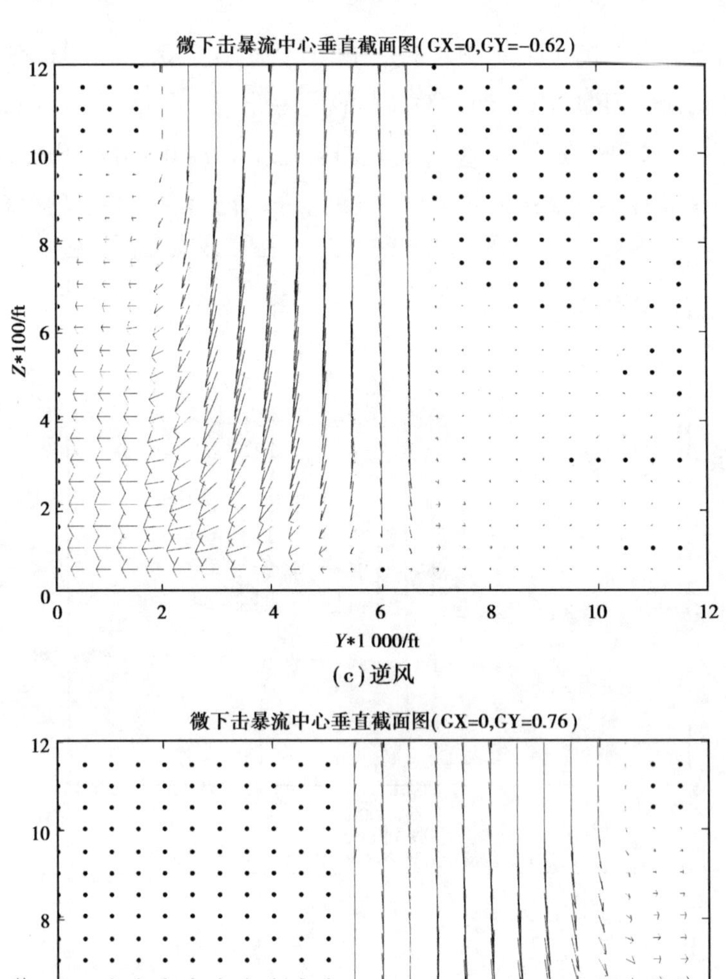

(c)逆风

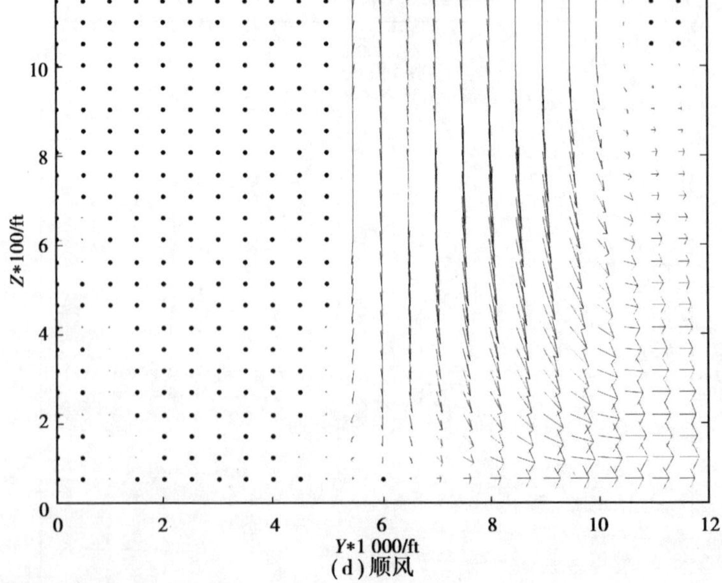

(d)顺风

图 3.12　4 种风场条件下微下击暴流中心垂直截面

图3.12(a)—(d)分别是在扭曲因子GX=0.28,GY=0.37(偏风情形);GX=1.02,GY=0(侧风情形);GX=0,GY=-0.62(逆风情形);GX=0,GY=0.76(顺风情形)下的微下击暴流中心截面。根据GX,GY大小的不同可以产生出不同的不对称风场。结合图3.11(a)—(d)和图3.12(a)—(d)可以看出风场气流的流向趋势,符合理论上逆风、顺风、侧风、偏风的风速分布。为了验证所建立模型的准确性,结合Vincent J. Cardone,Fred.Proctor等人的研究成果[73-76],参考文献[73-76]是根据实测数据得到的风场风速分布的,通过对比可以发现,所建立的风场模型比较符合实际情形下的风速分布。

3.4 风切变目标回波信号模型

3.4.1 网格划分法

气象雷达波束照射区域范围广,整个地面都是散射源,除一些大的建筑物可看成点杂波外,其余都是一种分布散射现象。对于气象雷达波束照射地面区域的回波信号模拟。一般采用网格划分法[18-20],它能够实现某区域分布式信号模拟,其原理示意图如图3.13所示。

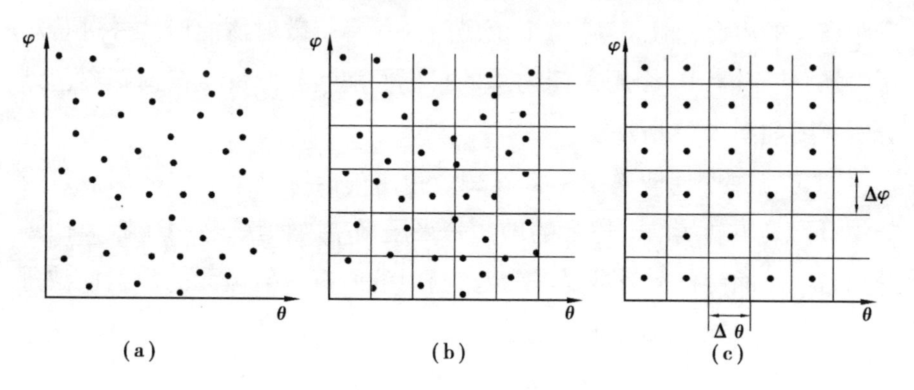

图3.13　网格映像法示意图[34]

图 3.13(a)表示的是在 θ-φ 平面内任意位置内的点散射集合体;图 3.13(b)表示将由距离分辨率和频率分辨率构成的网格叠加在此平面内;图 3.13(c)表示的是在每个单元内,将所有的散射体合并成为一个新的点散射体,它位于单元中心。

网格划分法的基本思想是:对于某区域数量众多的散射体,它们反射的雷达回波信号在雷达中进行处理时,由于雷达存在距离分辨率和多普勒分辨率,故信号间隔小于距离分辨率时,在雷达信号处理时,它们就不能被分辨开来,那么就可认为这些不能分辨开来的回波信号是由同一个散射体反射的。网格映像法根据距离分辨率和频率分辨率,将雷达波束照射区域划分为一个个相互独立的网格单元,网格内的散射体由于靠得很近而分辨不开,把网格内的所有散射体相加,形成一个新的符合散射体,将复合散射体当作一个点散射体来处理。这样,回波信号便转化为波束照射某个区域内所有点散射体回波信号的相干求和,这样就能实现回波信号的计算模拟。对应于本章目标回波信号的模拟计算,图 3.13 中 θ 和 φ 分别表示方位角和俯仰角,$\Delta\theta$ 和 $\Delta\varphi$ 分别表示叠加(积分)步长。

气象雷达发射信号通过云、降水粒子时将会被散射,其中一部分散射波返回雷达方向,被雷达天线接收。而该回波信号是整个散射区域返回目标回波信号的总和,实际上是对该区域各个散射体反射回波进行相干积累形成。因此,首先是要按雷达距离分辨率将雷达探测区域划分为各个距离门的组合,然后计算每个距离门内所有点散射体的回波并进行相干叠加,从而得到单个距离门内总的目标回波信号。雷达扫描距离门划分示意图如图 3.14 所示。

图 3.14 说明回波模拟中将其每个距离门内所有点散射体回波进行模拟显然是不现实的。通常的做法是采用网格映像法,将每个距离门划分为若干小的网格散射微元,把距离门内的所有散射微元的反射回波进行相干叠加,得到该距离门内总的回波。

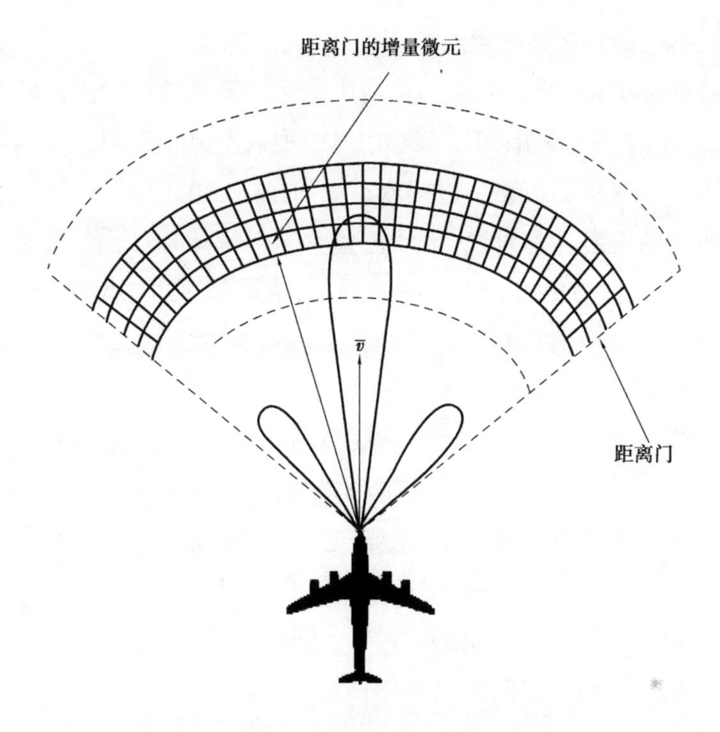

图 3.14　机载雷达扫描距离门划分示意图[24,134]

3.4.2　目标回波信号建模

由于机载雷达与气象散射体单元之间有相对运动,因此,多普勒频移包括两个部分:飞机的速度和气象散射单元速度。设载机在目标视线方向上的速度为 V,单元平均径向速度为 V_r(指向雷达为正),载机与散射单元起始距离为 r,载机离风切变气象散射单元的距离 $r(t)$ 则随时间的变化表示为

$$r(t) = r - Vt - V_r t \tag{3.37}$$

相位 $\gamma=-4\pi r(t)/\lambda+\psi$ 的时间变化率为

$$\begin{aligned}\frac{\mathrm{d}\gamma}{\mathrm{d}t} &= -\frac{4\pi}{\lambda}\frac{\mathrm{d}r(t)}{\mathrm{d}t} = -\frac{4\pi}{\lambda}(-V - V_r) \\ &= \frac{4\pi}{\lambda}V + \frac{4\pi}{\lambda}V_r = \omega_c + \omega_R\end{aligned} \tag{3.38}$$

式(3.38)即为多普勒频移表达式,它包括两部分:一部分是由载机引起的多普勒频移 ω_c;另一部分则是由风切变气象目标运动引起的多普勒频移 ω_R。式(3.38)表明;可从回波信号中提取由风切变雨回波目标运动引起的多普勒频移 ω_R 信息,以提取目标的径向速度。

设雷达的发射功率为 P_t,天线增益为 G,目标斜距为 R,雷达工作波长为 λ,目标的散射率为 ρ,L 为系统损耗,η 是目标的体反射率,V_c 是雨目标体积单元,r 为雷达到目标的距离。则由基本雷达方程[22]可推得风切变目标雨回波的平均功率为

$$P=\frac{P_t G^2\lambda^2\rho}{(4\pi)^3 r^4 L} \tag{3.39}$$

设目标的有效散射面积为 σ',则风切变目标雨回波的平均功率[23]为

$$P=\frac{P_t G^2\lambda^2\sigma'}{(4\pi)^3 r^4 L}=\frac{P_t G^2\lambda^2\eta V_c}{(4\pi)^3 r^4 L} \tag{3.40}$$

其中,V_c 为波束照射的体积,目标的体反射率为[54]

$$\eta=\frac{\pi^5}{\lambda^4}|K|^2 D^6 \tag{3.41}$$

式中,D 是圆球之直径,$|K|^2$ 为散射粒子的介电常数,对于冰与水常取 0.20,0.93。$Z=\sum D^6$,称为反射率因子。

因此,给定反射率因子,计算出 η,从而求得目标雨回波平均功率。假设雷达发射信号为常用的窄带信号,可近似写为

$$S(t)=\sqrt{2P_t}\,u(t)\mathrm{e}^{\mathrm{j}2\pi ft} \tag{3.42}$$

其中,当 u 的变量在 0 到脉冲宽度 τ 之间时,$u(t)$ 取 1;否则取 0,f 为载频。那么,回波信号可看作发射信号的延迟形式,其振幅则乘上一个比例因子 K,设 γ 为复反射系数,令

$$K=\left[\frac{\lambda^2}{(4\pi)^3 R^4 L}\right]^{1/2} G\gamma \tag{3.43}$$

则回波信号的数学表达式可写为

$$S_r(t)=\sqrt{2P_t}\,KS[t-\tau(t)]=Ku[t-\tau(t)]\mathrm{e}^{\mathrm{j}2\pi f[t-\tau(t)]} \tag{3.44}$$

其中,时延τ为时间的函数,即

$$\tau(t)=\frac{2r(t)}{c+V}\approx\frac{2r(t)}{c};V\ll c \tag{3.45}$$

将式(3.37)代入式(3.45)得到

$$\tau(t)=\frac{2r}{c}-\frac{2V}{c}t-\frac{2V_{\mathrm{r}}}{c}t \tag{3.46}$$

将式(3.46)代入式(3.44)得到

$$S_{\mathrm{r}}(t)=\sqrt{2P_{\mathrm{t}}}Ku\left[t-\frac{2r}{c}+\frac{2V}{c}t+\frac{2V_{\mathrm{r}}}{c}t\right]\mathrm{e}^{\mathrm{j}2\pi f\left[t-\frac{2r}{c}+\frac{2V}{c}t+\frac{2V_{\mathrm{r}}}{c}t\right]} \tag{3.47}$$

其中,$2r/c=\tau$为目标回波的延迟;$(2V/c+2V_{\mathrm{r}}/c)f$为目标回波的多普勒频移,包括由载机运动引起的多普勒频移和由风切变气象目标运动引起的多普勒频移。

因此,对于风切变气象目标散射体,雷达的目标回波信号可表示为[34]

$$V(t,r)=A\exp\left[\mathrm{j}2\pi f\left(t-\frac{2r}{c}\right)+\mathrm{j}\psi\right]u\left(t-\frac{2r}{c}+\frac{2V}{c}t+\frac{2V_{\mathrm{r}}}{c}t\right) \tag{3.48}$$

其中,$2r$为入射波和散射波传播的总路径长度;ψ为由散射体引入随机相位;f为载频;A为回波信号幅度,$A=\sqrt{2P}$,P为风切变目标雨回波的平均功率。

风切变信号回波由两部分组成:气象回波和地杂波。故建信号模型必须建两个模型。信号模型中数据的处理是在零中频之后,如图 3.15 所示。

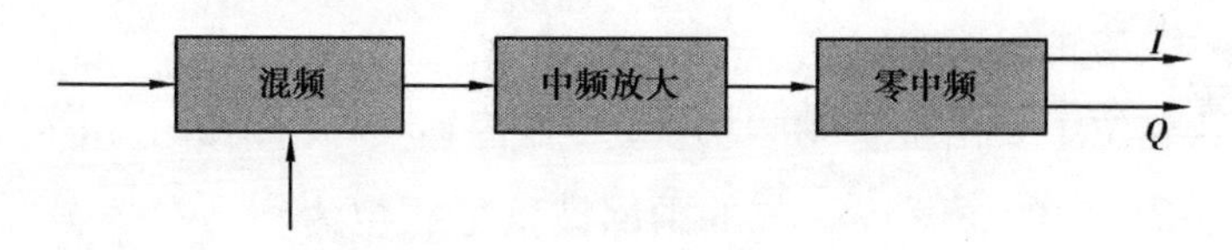

图 3.15　目标回波信号处理阶段

具体来说,不管是地杂波,还是风切变信号雨回波,对每个距离门内的回波,都可由式(3.49)、式(3.50)来计算。令 V_{i},V_{a} 分别为风切变散射微元和飞机沿径向的速度分量,$\beta=2\pi/\lambda$ 为常数,$\Delta\omega=\omega_{\mathrm{i}}+\omega_{\mathrm{a}}=\beta(V_{\mathrm{i}}-V_{\mathrm{a}})=2\pi(V_{\mathrm{i}}-V_{\mathrm{a}})/\lambda$,$\bar{\phi}_i$ 为散射体随机相位,$\Delta\bar{\phi}$ 为发射相位误差,$\bar{n}_{\mathrm{i}}(nT_{\mathrm{s}})$,$\bar{n}_{\mathrm{q}}(nT_{\mathrm{s}})$为相互独立的接收机噪声。$n$ 代表第 n 个脉冲,T_{s} 代表脉冲时间间隔,则目标回波信号的同相分量 I 和正交分量 Q 分别表示为[24,131-133]

$$I(nT_{\mathrm{s}})=\sum_{i=1}^{N}A_i\cos[\bar{\phi}_i+\beta(V_{\mathrm{i}}-V_{\mathrm{a}})nT_{\mathrm{s}}+\Delta\bar{\phi}]+\bar{n}_{\mathrm{i}}(nT_{\mathrm{s}}) \quad (3.49)$$

$$Q(nT_{\mathrm{s}})=\sum_{i=1}^{N}A_i\sin[\bar{\phi}_i+\beta(V_{\mathrm{i}}-V_{\mathrm{a}})nT_{\mathrm{s}}+\Delta\bar{\phi}]+\bar{n}_{\mathrm{q}}(nT_{\mathrm{s}}) \quad (3.50)$$

在脉冲多普勒雷达中,存在距离和速度模糊问题,所以最大的不模糊多普勒速度设为 $V_{\max}=PRF(c/4f_{\mathrm{s}})=30.032\ 258\ \mathrm{m/s}$,建立的风场的最大速度小于 20 m/s,不超过最大的不模糊速度,因此可以直接建立风场模型,通过频域来分析回波信号的特征因子。

风切变的雨回波信号的主要特征是风场的风速度变化,散射微粒对发射信号的散射产生的回波信号,这个仿真主要是雨回波信号的相位和幅度变化,即由多普勒频移和风场反射率、反射单元的单位雷达截面积、天线增益决定。

信号幅度 A_i 由雷达方程和反射率因子确定,即

$$A_i=\sqrt{\xi\cdot\eta_{\mathrm{w}}\cdot x_1\cdot V_{\mathrm{s}}}\cdot G \quad (3.51)$$

$$\xi=\frac{P_{\mathrm{t}}\cdot\lambda^2}{(4\cdot\pi)^3\cdot R^4\cdot r_1} \quad (3.52)$$

其中,ξ 为雷达方程常数,λ 为波长,r_1 为接收机信号损失,x_1 为衰减因子,η_{w} 为风切变风场反射率,V_{s} 为散射微元的体积,G 为天线增益,R 为散射单元到天线的距离。

信号相位主要由多普勒频移决定,多普勒频移由两部分组成,分别是 V_{i} 和 V_{a},所产生的 ω_{i} 和 ω_{a},总的雨回波信号相位为

$$\psi=\bar{\phi}_i+\beta(V_{\mathrm{i}}-V_{\mathrm{a}})+\Delta\bar{\phi} \quad (3.53)$$

3.5　风切变雷达目标回波信号仿真

3.5.1　天线模型

用 Bessel 函数做了一个天线模型,主瓣增益为 34.62 dB,3 dB 波束宽度为 2.8°,第一旁瓣中心为 4.4°,如图 3.16 所示。

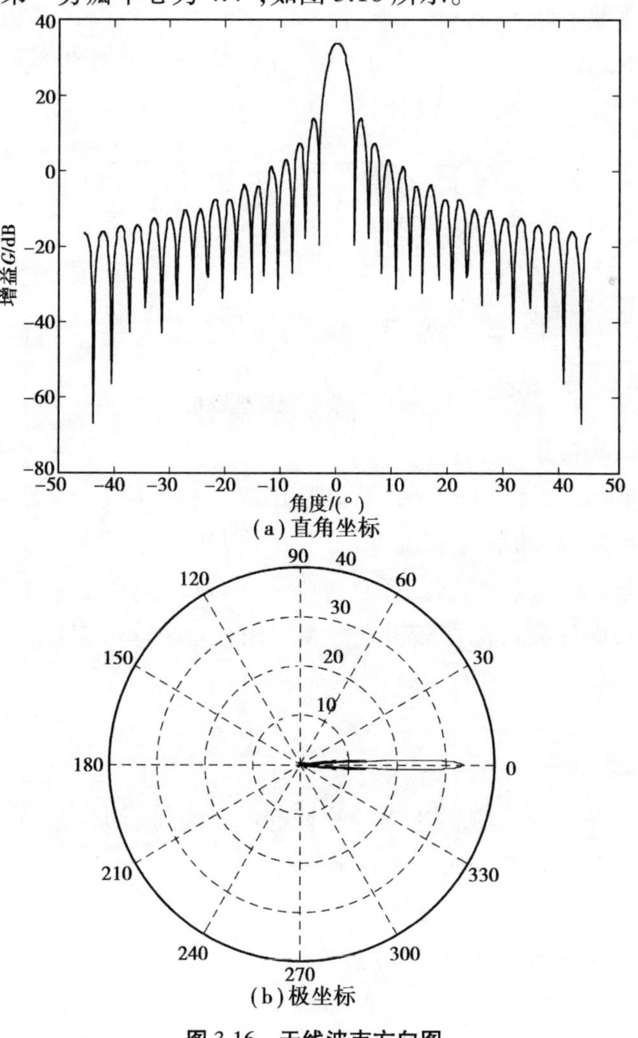

图 3.16　天线波束方向图

3.5.2 坐标变换

(1)坐标系分类

在信号模型的仿真中,存在以下4种坐标系[28-30]:

1)风场坐标系

原点取在风场中心处。对应的风场的 X 和 Y 轴的方向,Z 轴向上,地面 $Z=0$,风场大小为 12 kft×12 kft×1 kft。

2)载机地理坐标系(NED坐标系)

载机地理坐标系(North East Down,NED)的原点设在载机质心上,N定为地理指北针方向(北);E为地球自转切向(东),D为载机到地平面之垂线,并指向下,如图3.17所示。

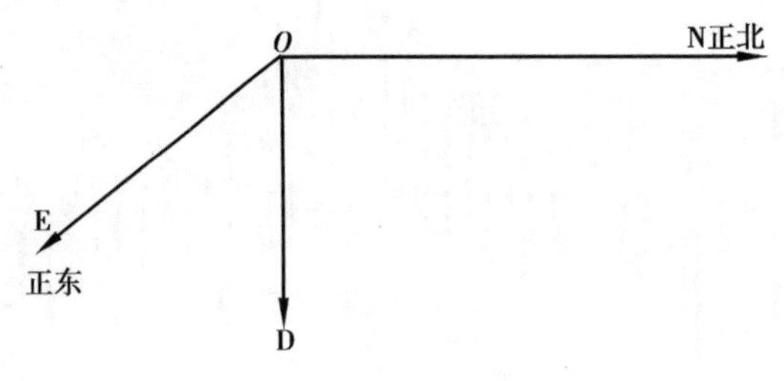

图3.17 载机地理坐标系

3)载机坐标系

载机坐标系又称机体坐标系。原点取在载机质心上,Y 轴定为载机纵轴机头正向,X 轴取为右机翼正向,Z 轴方向由右手螺旋定则确定,并朝机身上方方向。设气象目标(r,α,θ)在载机坐标系中的直角坐标为(x_p,y_p,z_p),则气象目标在载机坐标系中用直角坐标可表示为

$$x_p = r\cos\alpha\cos\theta \tag{3.54}$$

$$y_p = r\cos\alpha\sin\theta \tag{3.55}$$

$$z_p = r\sin\alpha \tag{3.56}$$

其中,r,α,θ 分别为气象雷达测得的目标的距离、俯仰和方位。气象目标在载机坐标系中的坐标如图3.18所示。

4)天线坐标系(red坐标系)

雷达天线坐标系,原点设在载机上,并与载机地理坐标系和载机坐标系同心;r(range)沿雷达天线光学轴方向,为距离方向指向,e(east)、

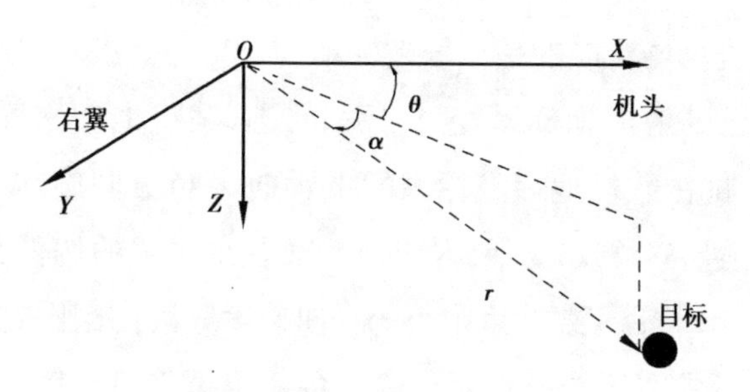

图 3.18　气象目标在载机坐标系中的坐标

d(down)是与 r 轴垂直的一对正交轴;r,e,d 三轴构成右手坐标系。

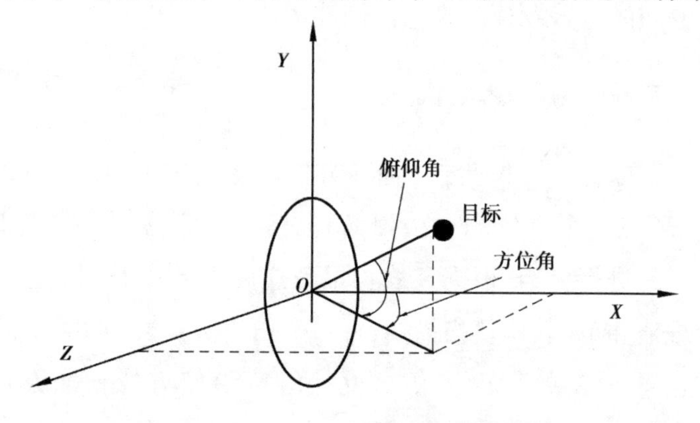

图 3.19　天线坐标系

天线坐标系决定天线方向图等信号方向,并随天线运动而运动。坐标原点取在天线转动中心,X 为天线几何平板法线。Y 在天线对称平面内,向上为正,Z 轴与 X,Y 轴构成右手系。在跟踪对准目标时,X 轴即为目标视线。未完全对准时,存在指向误差(方位角误差、俯仰角误差),角误差可由馈线和相关网络求得,如图 3.19 所示。

(2)**坐标转换**

目标和载机的运动轨迹建立在地理坐标系下,判断目标是否在雷达的扫描范围内采用天线坐标系比较方便,输出参数是建立在载机坐标系下的参数,故目标轨迹要经过一系列坐标转换。其转换过程如图 3.20 所示。

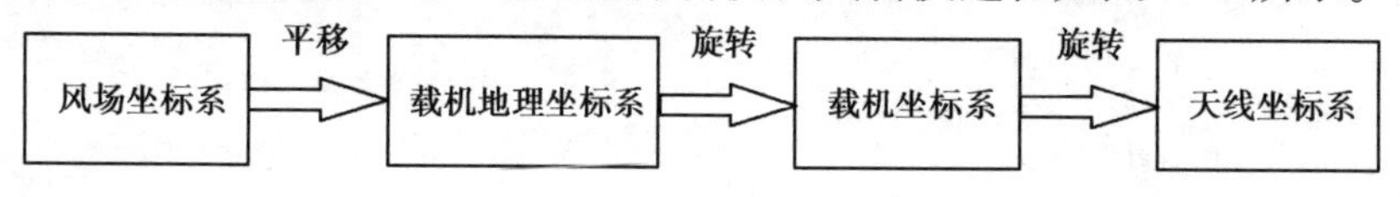

图 3.20　坐标转换流程图

微下击暴流风场对应的是风场坐标系,在建立回波信号模型的时候要将这个风场数据的地理坐标系经过平移转换到载机地理坐标系。然后再进行二次旋转,即由载机地理坐标系的 Y 轴向 Z 负方向旋转一个下滑角,再把 Y 轴水平旋转一个方位角,再向下旋转一个天线的俯仰角,转化到天线坐标系,最后求得沿天线波束中心的径向速度分量,求出多普勒频移。

回波信号都是在天线坐标系中建立的。根据飞机速度与雨回波的风速度分量的矢量和,转换到天线坐标系中,由天线的波束扫描特性,求出天线波束方向的多普勒速度来算出回波相位。

3.5.3 系统仿真原理与流程

仿真流程以一次方位步进扫描(方位角变化一个步进量)为基本仿真周期(循环);一个方位的一次扫描完成后,飞机位置根据飞机速度和扫描所需时间进行更新;根据天线扫描方式调整天线的扫描方位角和俯仰角的步进值和范围,调整扫描线;每一个扫描仿真根据实际设定目标参数、地杂波、飞机参数等变化;仿真过程(循环)按方位扫描方式重复进行。其仿真流程示意图如图 3.21 所示。

本系统中主要仿真参数设置如下:

- 积分单元扫描方位角范围/2　　2°
- 积分单元扫描方位增量　　0.3°
- 积分单元扫描俯仰角范围/2　　1°
- 积分单元扫描俯仰增量　　0.2°
- 初始雷达距离　　1 km
- 距离门数　　50
- 发射功率　　200 W
- 发射频率　　9.0 GHz
- 脉冲重复频率　　3 500 Hz
- 脉冲宽度　　1.5 μs
- 接收机噪声　　2 dB

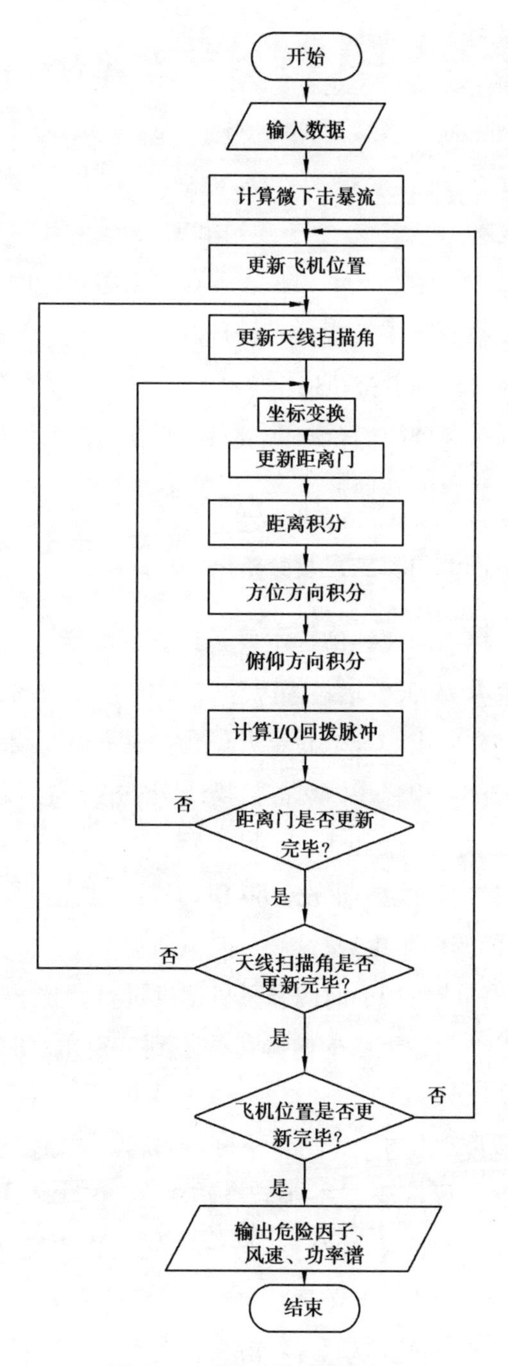

图 3.21　主程序仿真流程图

- 接收机损失　　2 dB
- 发射机相位抖动　　0.2°
- 脉冲采样间隔　　1.0 μs
- 扫描速度　　15°/s
- 方位扫描中心　　0 °
- 俯仰扫描中心　　-3°(与飞机速度方向夹角为 0°)
- 扫描线的个数　　60
- 每个扫描线内的方位角增量　　1°
- 每个俯仰角内的俯仰角增量　　-2°
- 每个扫描线内的脉冲数　　128

3.5.4 目标回波仿真结果及分析

对风切变目标雨回波的仿真主要是计算其幅度和相位,雨回波的幅度可由雷达气象方程、天线增益等因素来求出,雨回波的相位可以通过计算多普勒的频移来求出。这里假定方位角是从-30°开始扫描的,方位角的变化范围为-30°~30°。由 60 根扫描线对方位进行扫描,根据距离将每根扫描线划分为 50 个距离门,起始距离门为 1 km,每个距离门为 150 m。当气象雷达天线扫描完这 60 根扫描线时,同时将方位角调整为反向;雷达天线的俯仰角也进行调整,向下调整 2°,飞机位置根据雷达天线扫描完所有扫描线所用的时间和飞机速度进行调整。雷达天线的初始俯仰角设为-2°,当雷达天线的俯仰角调整到一定角度时,则要根据雷达天线扫描方式还原为-2°。

这里脉冲宽度取 1.5 μs,则每个脉冲宽度对应的距离为 $1.5(\mu s)\times 3\cdot 10^{8}(m/s)/2=225$ m,将其分为两个距离,每个距离为 112.5 m 来分别积分,每个积分距离的方位积分范围为-2°~2°,方位积分微元为 0.3°,共 13 个方位累计数,俯仰积分范围为-1°~1°,积分微元为 0.2°,共 10 个俯仰累计数,之后分别对这些积分微元进行积分累加,就得到每个脉冲在该距离门内的回波。

风场的大小取 12 kft×12 kft×1 kft,大约 3.6 km×3.6 km×0.3 km 的范围,风场在载机地理坐标系中的起始坐标为$(x,y)=(-2\ \text{km},3\ \text{km})$,风场中心位置坐标为$(x,y)=(-0.2\ \text{km},4.8\ \text{km})$,即离飞机的飞行方向距离为 4.8 km。对距离门来说,从 1 km 开始计算距离门,风场中心位于$(4.8-1)/0.15=25.3$距离门附近。

以下考虑危险因子、对称风场和非对称风场条件下雨回波随距离门变化的谱分布图。

(1)**危险因子分析**

在工程上为了便于气象雷达实现,将第2章中关于危险因子的表示式作近似处理,即

$$F_x=\frac{W_x}{g}=\frac{v_g}{g}\times\frac{\Delta W_x}{\Delta R} \tag{3.57}$$

式中,v_g 表示飞机地速,ΔR 为两次风速测量之间的距离,ΔW_x 是在 ΔR 距离上的径向风速变化。取 $\Delta R=150$,在相邻距离门计算速度差得到了 ΔW_x,利用式(3.57)计算出所有距离门上的 F_x,然后进行平均。

图 3.22 显示的是一个面上的危险因子。从图 3.22 可以看出在不同的距离门上,其危险因子是不同的,在第 20~40 个距离门,其危险因子较大,即此时危险程度较大。

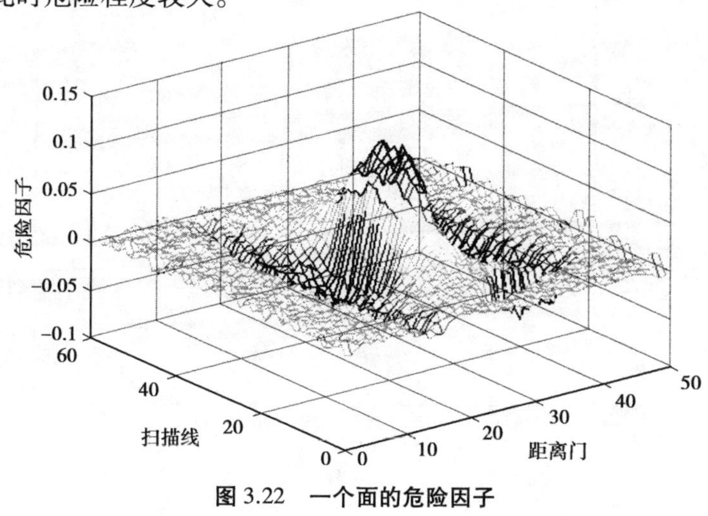

图 3.22　一个面的危险因子

(2)非对称风场下危险因子仿真

图 3.23(a)—(d)显示的是在不同距离门上危险因子的变化示意图。

从图 3.23(a)—(d)可以看出,在风场中心处(25 个距离门附近)其风险因子最大,表示在此处飞机所受到的危险程度也是最大的。若假设危险因子的门限值为 0.1,超过此值则发出报警信号。从图 3.23(a)—

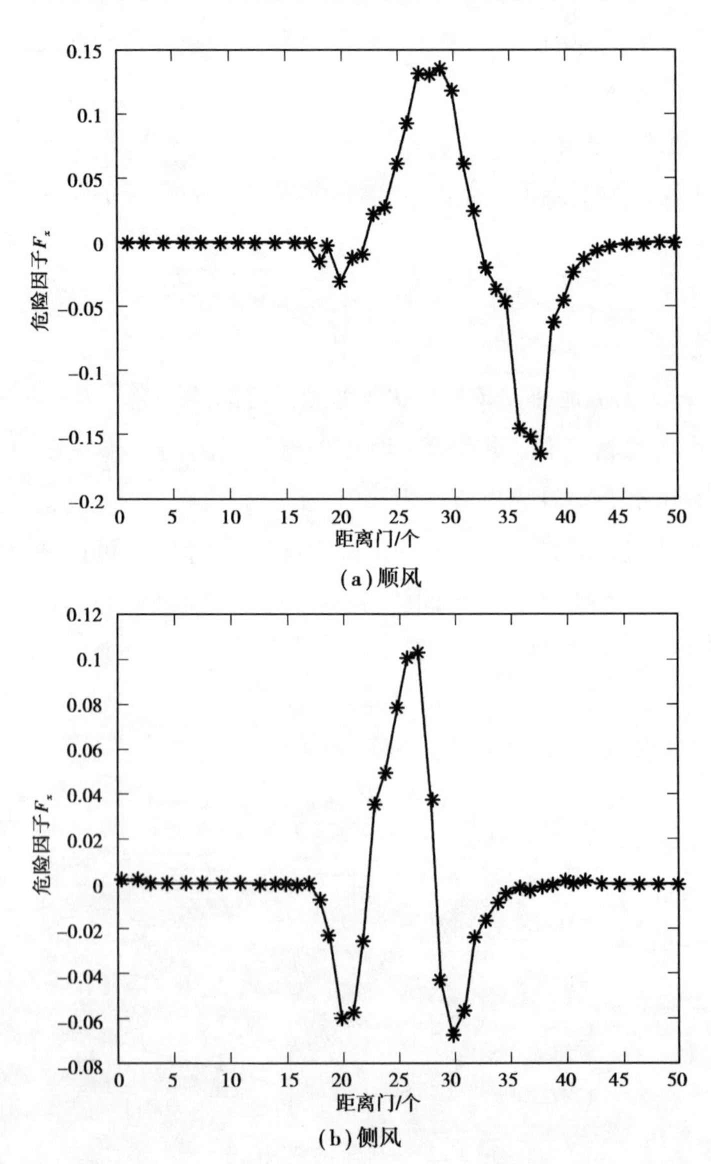

(a)顺风

(b)侧风

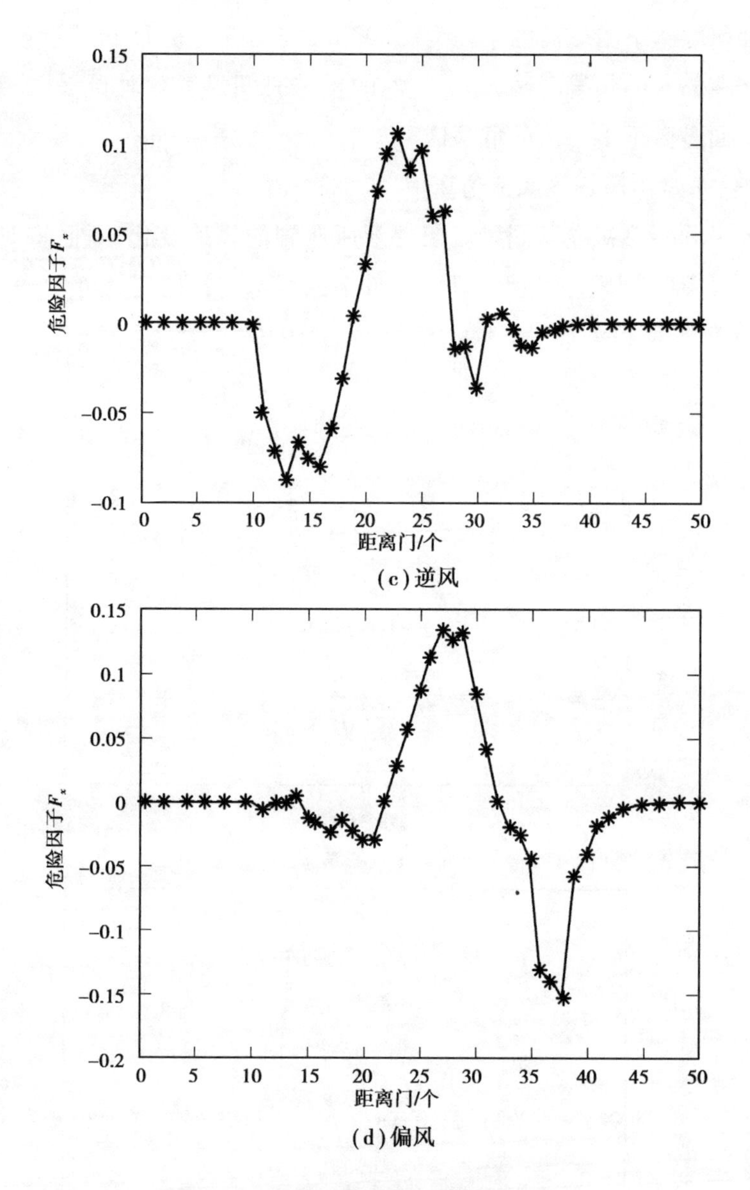

(c)逆风

(d)偏风

图3.23　非对称风场条件下的危险因子

(d)可以看出,在不同的距离门上存在风切变危险。如从图3.23(b)可以看出,在第25个距离门处存在的危险程度较大,水平方向的危险因子F_x的值超过微下击暴流危险性阈值0.1(此值可设定),由于初始雷达距离为1 000 m,每个距离门为150 m,则在距离4 500 m处存在微下击暴流的危险性。取微下击暴流的半径为 1 500 m,按飞机地速 75 m/s 折算,则可提供 43~63 s 的预警时间,60 s 左右的预警时间足够驾驶员采取相应的措施来回避微下击暴流的危险区。

(3)非对称风场下风速仿真

为了分析飞机在不同风场条件下所遇到的风速变化,下面将对非对称风场(顺风、侧风、逆风和偏风)条件下的风速进行仿真分析。

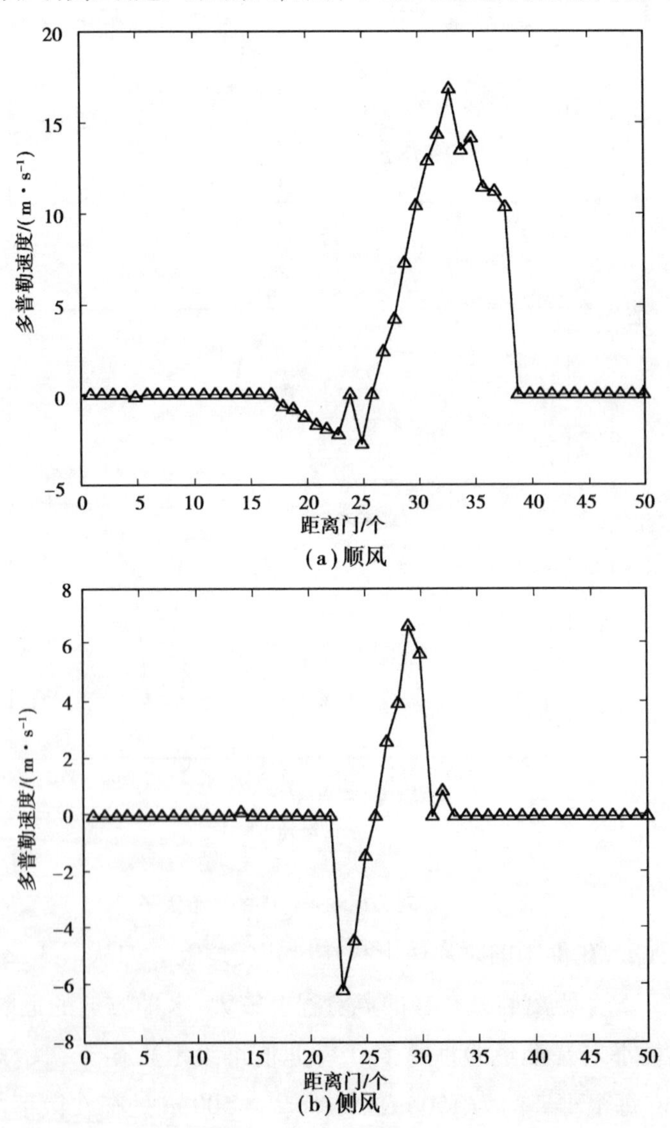

(a)顺风

(b)侧风

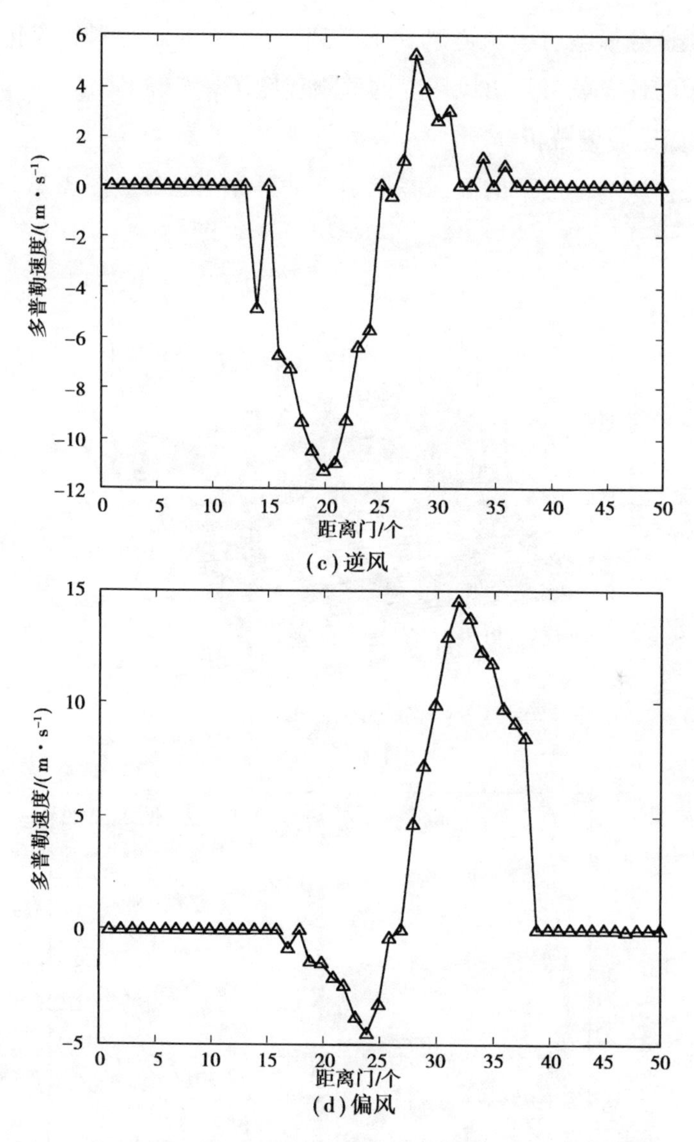

(c) 逆风

(d) 偏风

图 3.24　非对称风场条件下的风速估计

如图 3.24(a)—(d)所示的分别是反射率为 25 dB 下的顺风、逆风、侧风以及偏风条件下第 30 根扫描线上不同距离门上的风速变化。图 3.24(a)—(d)中曲线的斜率反映了微下击暴流低空风切变对飞机的危险程度，斜率越大(曲线表现得越陡峭)，飞机所遇到的危险程度就越大。图 3.24(a)—(d)中清楚地显示了潜在的危险性风切变，如图 3.24(d)所示径向风速分量经历了从逆风 5 m/s 到顺风 14 m/s 的剧烈变化。通过危险因子的计算就可得出风切变的危险程度了。

(4)**雨回波谱分析**

非对称风场情形下的雨回波谱仿真结果如图 3.25—图 3.28 所示。

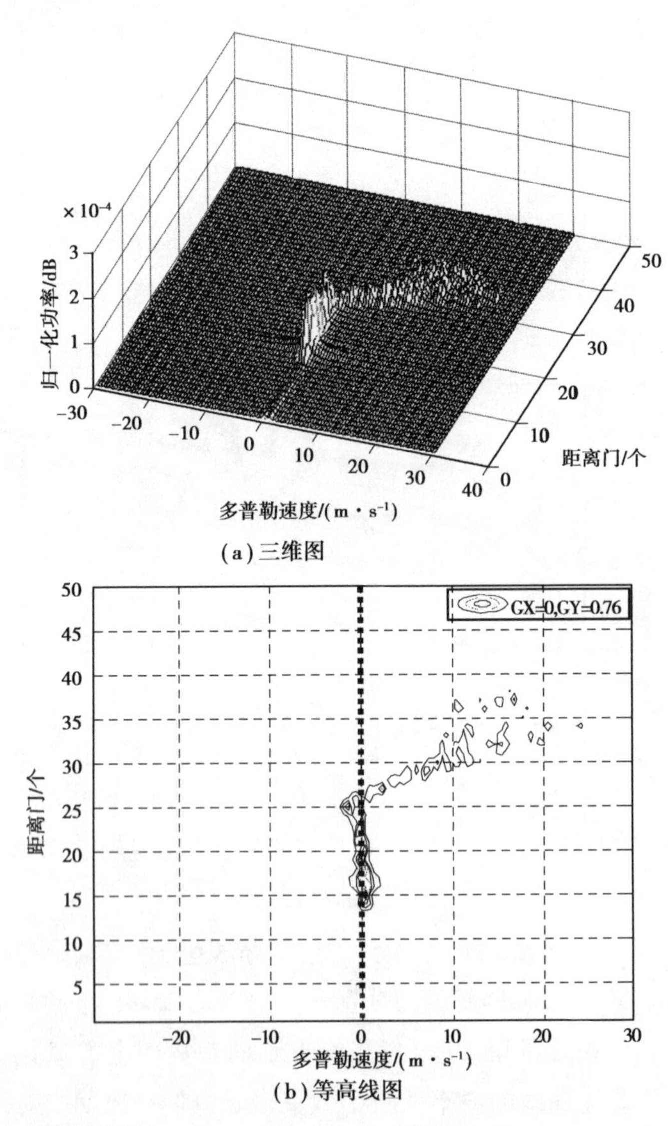

(a)三维图

(b)等高线图

图 3.25　顺风情形下的雨回波谱

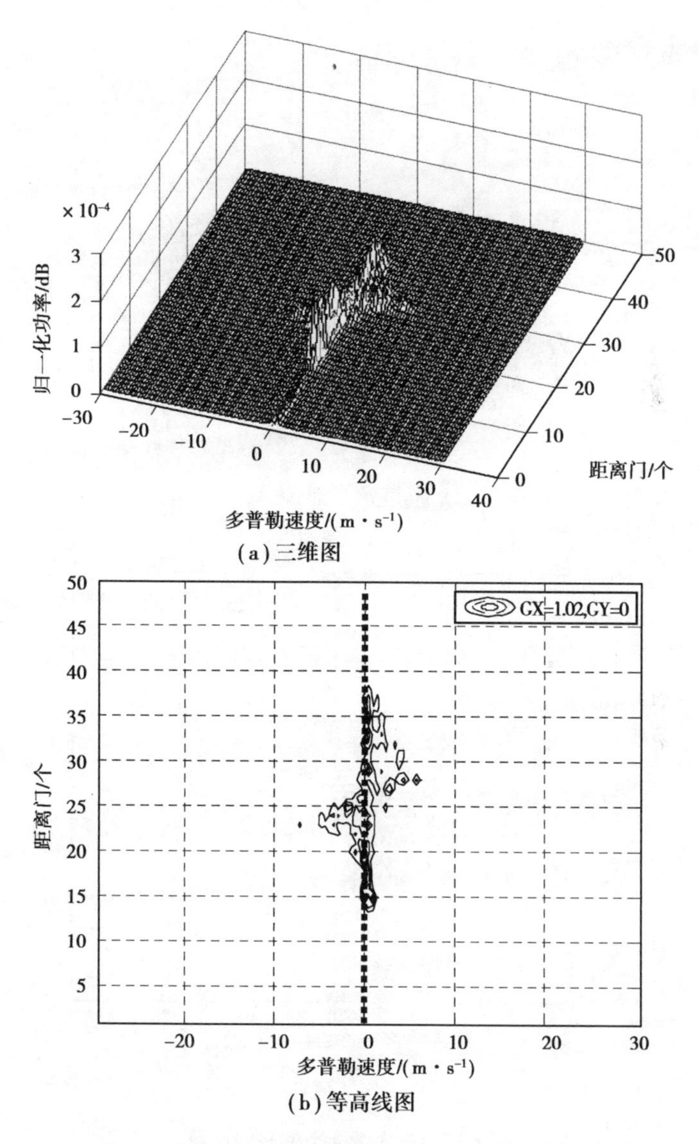

图 3.26　侧风情形下的雨回波谱

图 3.25—图 3.28 分别是顺风、侧风、逆风、偏风情形下(反射率为 25 dB,第 30 根扫面线)的雨回波三维谱及其等高线图。4 种风场情形下雨回波谱分布与前述风场模型数据中 Y 轴向径向速度分布一致。从图 3.26可以看出,侧风条件下由于 X 轴向风速分量垂直于径向速度,因此 X 轴向速度分量对雨回波无影响,因此其多普勒速度分布仍然关于零多普

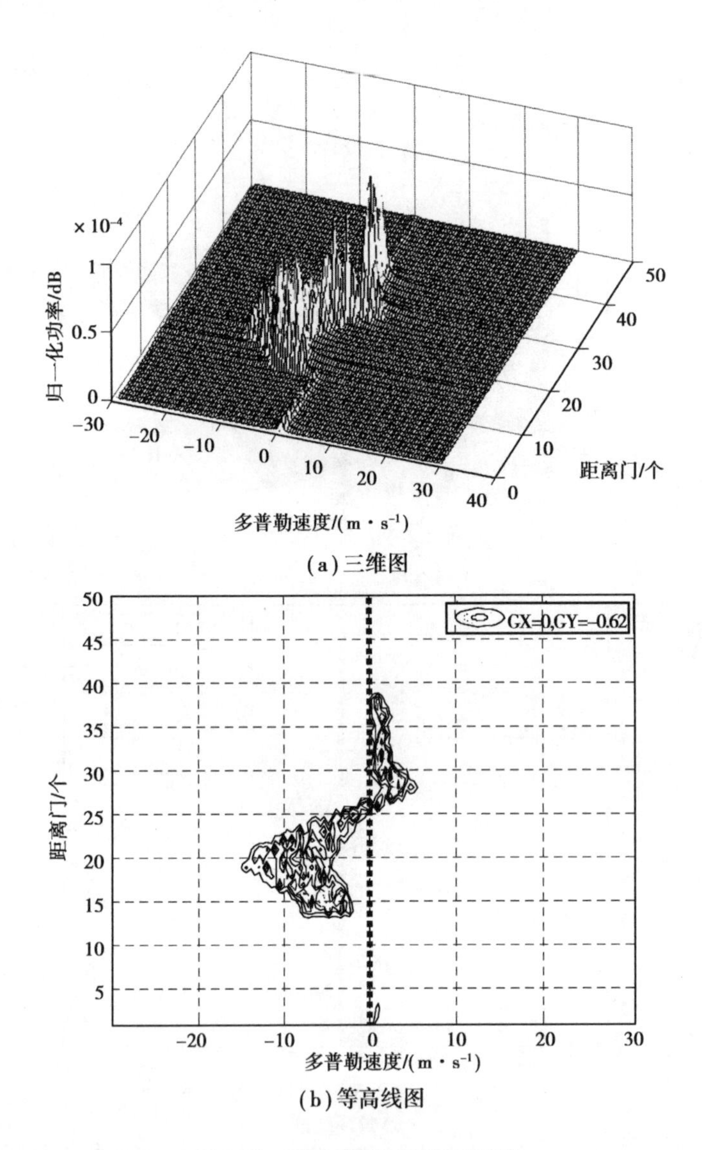

(a)三维图

(b)等高线图

图 3.27 逆风情形下的雨回波谱

勒速度对称且幅度很小。从图 3.25 可以看出,顺风条件下径向速度以正向为主。从图 3.27 可以看出,逆风条件下径向速度以负向为主。偏风条件下径向速度视 GY 正负决定,GY>0 则偏正,GY<0 则偏负,由于图 3.28 中 Y 轴向扭曲因子为 GY=0.37>0,则径向速度以正向为主。

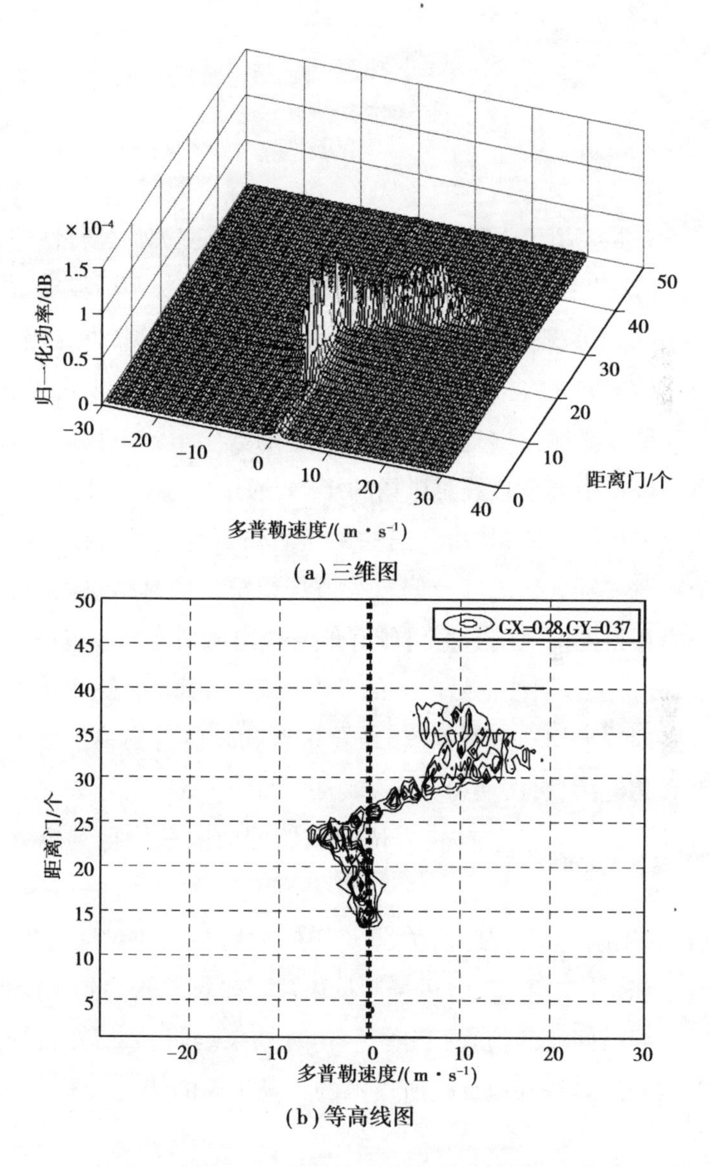

(a) 三维图

(b) 等高线图

图 3.28　偏风情形下的雨回波谱

3.6　本章小结

本章建立并模拟了一种能够反映实际风场及有关物理特性的大气背景模型,即变化风场,并在此基础上建立了风切变目标雨回波模型。

首先,分析了一般风场的反演方法和风切变风场的特性;接着建立了一种工程化的模型来模拟风切变中对飞行危害最大的微下击暴流,通过数学拟合并结合流体力学叠加得到了模型的数学形式。在此基础上,通过研究风场模型中各个参数对风场的影响,通过修改 X 轴向和 Y 轴向扭曲因子改变风场形态,对其作适当的调整后仿真得到了对称风场和非对称风场中顺风、逆风、侧风以及偏风等风场情况。仿真结果表明,利用建立的风场模型得到的风场数据可较好地模拟出风切变的基本特征。

其次,分析了雨回波信号产生的基本原理,从基本雷达方程入手推导了风切变雨回波平均功率及幅度,结合多普勒效应得到单个散射体雨回波的幅度和相位信息,从而得到了单个散射体雨回波信号表达式。采用网格划分的思想,经过距离向、方位向和俯仰向的积分得到总的目标雨回波。

最后,基于以上理论基础,仿真实现了对称风场、非对称风场,在建立的天线模型和系统参数下,将风场数据由风场坐标系转换到天线坐标系,完成了对目标雨回波的仿真和分析。仿真结果表明,风切变目标雨回波信号速度谱分布可较好地反映所模拟的风场风速的切变状况。

第 4 章 湍流信号建模与检测

4.1 引 言

湍流是指在一定区域内大气中微粒的速度方差较大的气象目标，是大气的一种剧烈运动形式。引发湍流的原因可能是气压变化、急流、冷锋、暖锋和雷暴，甚至在晴朗的天空中也可能出现湍流。湍流主要包括大气湍流、晴空湍流以及飞机尾流，而大气湍流常发生的区域在大气底层的边界层内以及对流层的云体内部。对气象雷达而言，湍流是指微粒速度偏差较大的气象目标。该定义与微粒的绝对速度无关，而与微粒速度的统计标准偏差有关。速度的偏差可理解为速度的范围或频谱宽度，频谱越宽，湍流越大。在湍流区域中，气流速度和方向的变化都相当急剧，因而不仅会使飞机颠簸，而且会使机体承受巨大的作用力，对飞行安全十分不利。因此，飞机总是十分小心地避免进入湍流区域。湍流可能夹杂有雨粒，也可能不夹杂雨粒。前者称为湿性湍流，后者称为晴空湍流[171]。本章主要研究的是湿性湍流。传统的湍流检测算法有脉冲对检测方法、快速傅里叶变换法等[158-162]。

湍流是一种高度复杂的非线性耗散系统。文献[172]在大气湍流的对数正态统计模型基础的上实现了最大似然序列探测(Maximum-likelihood Sequence Detection,MLSD),但MLSD不能跟踪大气湍流所引起的乘性噪声统计量的时间变化。文献[173-175]研究了脉冲对算法对湍流检测的影响、分析了在不同的多普勒速度、谱宽的情形下的湍流检测的特性,但是没有考虑地杂波对湍流检测的影响。文献[62-67]主要研究了Von Karman模型的自相关特性,但没有考虑湍流尺度因素的影响。文献[110-113]主要研究了大气湍流的数值仿真,采用双随机交换最小化方法对高斯噪声序列进行白化处理,使得随机数序列的白化程度提高,但没有讨论湍流场的风速估计分析。

由于湍流现象属于小概率事件,其存在时间只有短短几分钟,且不具备重复性。依靠现场试验的方法进行研究,不但成本很高,而且危险性相当大。因此,研究模拟湍流变化规律的仿真方法成为一种有效措施。有效的风场模拟将有助于缩短气象雷达的研制周期,节约研究费用。湍流目标回波信号模拟算法可通过方便、灵活地设定各类参数,模拟出多种情况下湍流场的风速真实分布情况,为雷达信号处理系统的设计提供良好的实验基础。

4.2 湍流特性

4.2.1 湍流尺度与相关系数

研究湍流时,通常采用湍流脉动量。某个物理量的湍流脉动量是指该物理量与其平均值之差,即 $u'=u(t)-\overline{u}$。流体作湍流运动,由于不规则脉动引起动量输送所产生的流体内部的相互作用力,称为湍流黏性应力(也称雷诺应力)。在 (x,y,z) 坐标系中,任一点的雷诺应力有9个分量,

组成二阶对称张量，以τ表示为[101-105]

$$\tau=\begin{pmatrix}\tau_{xx} & \tau_{xy} & \tau_{xz}\\ \tau_{yx} & \tau_{yy} & \tau_{yz}\\ \tau_{zx} & \tau_{zy} & \tau_{zz}\end{pmatrix}=\begin{pmatrix}-\rho\,\overline{u'u'} & -\rho\,\overline{u'v'} & -\rho\,\overline{u'w'}\\ -\rho\,\overline{u'v'} & -\rho\,\overline{v'v'} & -\rho\,\overline{v'w'}\\ -\rho\,\overline{u'w'} & -\rho\,\overline{u'w'} & -\rho\,\overline{w'w'}\end{pmatrix}\tag{4.1}$$

式中，u'，v'，w'为湍流在 3 个坐标方向的流速脉动量，ρ 为流体密度，τ_{xy}表示与 x 轴垂直的(y,z)平面上的湍流应力在 y 方向的分量，其他类同。

湍流相关系数是用来表征湍流场两个脉动变量相关程度的数学表达式。如$\overline{u'(x_1)u'(x_1+x)}$，$\overline{u'(t)u'(t+\tau)}$，速度方向相同称为自相关，速度方向不同称为互相关。相关系数反映湍流尺度的大小。湍流尺度大，则两点容易落入同一个湍涡中，相关系数大。小尺度湍流，总使得 $u'(x_1)$与 $u'(x_1+x)$不相关，则相关系数小。湍流尺度是指湍涡的平均尺度。设湍流相关系数为$f(x)$，则湍涡平均尺度可表示为

$$L_f=\int_0^{\infty}f(x)\,\mathrm{d}x\tag{4.2}$$

在湍流场的探测和研究上主要有两种方法，即固定空间点的欧拉法和固定湍流微团的拉格朗日法，则欧拉空间自相关系数[101-105]

$$R(x)=\frac{\overline{u'(x_1)u'(x_1+x)}}{\overline{u'^2}}\tag{4.3}$$

欧拉时间相关系数和拉格朗日相关系数分别为[101-105]

$$R(\tau)=\frac{\overline{u'(t)u'(t+\tau)}}{\overline{u'^2}}\tag{4.4}$$

$$R(\zeta)=\frac{\overline{u'(t)u'(t+\zeta)}}{\overline{u'^2}}\tag{4.5}$$

根据泰勒“冰冻”湍流假设（湍流是“冰冻”成一固定形式，以一定的平均速度 u 移动，某点 A 涨落的时间变化是“冰冻”湍流通过 A 点引起的），空间中固定点的随时间变化和给定时间的空间变化是相同的。因此在实际应用中，常假设欧拉时间相关系数与拉格朗日相关系数的函数

形式相同,只差一个比例参数。

4.2.2 湍流散射

大气中总是存在着各种尺度的湍涡,随着高度的升高,大尺度的湍涡所占比例越来越大。各种尺度的湍涡在传输过程中都会逐级破碎,能量无衰减地逐级传输直到最小尺度,最后耗散为分子热运动能量。

由于大气中温度、压力、湿度分布不均匀,致使各湍流微团的大气折算率有所差异,大气折射率结构常数分布不均匀。当雷达电磁波入射到不同湍流微团界面时,这种折射指数的不均匀结构将对电磁波造成散射。

根据麦克斯韦方程组的积分形式,有计算式子[180-182]

$$\boldsymbol{E}_S = \oint \{ ikZ_0(\boldsymbol{n} \times \boldsymbol{H})\psi + (\boldsymbol{n} \times \boldsymbol{E}) \times \nabla\psi + (\boldsymbol{n} \cdot \boldsymbol{E}) \nabla\psi \} \mathrm{d}S \tag{4.6}$$

$$\boldsymbol{H}_S = \oint \{ -\mathrm{i}kY_0(\boldsymbol{n} \times \boldsymbol{E})\psi + (\boldsymbol{n} \times \boldsymbol{H}) \times \nabla\psi + (\boldsymbol{n} \cdot \boldsymbol{H}) \nabla\psi \} \mathrm{d}S \tag{4.7}$$

式中,$\boldsymbol{n}$ 是表面元 $\mathrm{d}S$ 的单位法向矢量,格林函数 ψ 为

$$\psi = \mathrm{e}^{ikr}/4\pi r \tag{4.8}$$

式(4.8)中的距离 r 是从表面元 $\mathrm{d}S$ 至所需散射场点(可能是另一个表面元)的距离值。这些表达式表明,如果在一个完全闭合面 S 上总的电场和磁场分布已知。那么,空间上任何一处的场都可通过在整个表面上求这些表面积分来计算。

用小扰动法对均匀各向同性的折射率起伏场,求取与入射电矢量 $\overrightarrow{A_0}$ 成 θ 角的散射方向 $\vec{m}$ 的散射平均强度 $\overline{S_\mathrm{m}}$ 为[101-105]

$$\overline{S_\mathrm{m}} = \frac{cK^4 A_0^2 \sin^2\theta}{4r^2}\phi(\vec{k} - k\vec{m}) \tag{4.9}$$

式中,$\phi(\vec{k}-k\vec{m})$ 表示 $(k-km)$ 尺度的湍流能量的谱密度。

当散射体积 V 为无限时,与此波段 $(k-km)$ 相对应的折射率不均匀尺度为

$$l(\theta) = \frac{2\pi}{|\vec{k} - k\vec{m}|} = \frac{\lambda}{2\sin(\theta/2)} \tag{4.10}$$

当散射体积 V 为有限时(线性尺度为 H),对 θ 方向散射有贡献的谱分量包含在下列尺度区间内

$$l(\theta)=\frac{\lambda}{2\sin(\theta/2)\ \pm\lambda/H} \tag{4.11}$$

在实际的湍流探测中,电磁波波长 λ 总是远小于散射体尺度 H,则式(4.10)和式(4.11)比较接近,即对于给定的角度 θ 上的散射,只取决于折射率不均匀性的一个狭窄谱段。

对于后向散射 $\theta=\pi$,则 $l(\pi)=\frac{\lambda}{2}$,即有效的湍流尺度为气象雷达波长的 1/2。

对于均匀湍流场,利用折射率结构常数,可导出湍流介质对波长 λ 的电磁波反射率为[101-105]

$$\eta=0.39C_{\mathrm{n}}^{2}\lambda^{-1/3} \tag{4.12}$$

4.2.3　湍流模型分析

大气湍流模型中,主要有 Dryden 模型和 Von Karman 模型[160-165]。用 f 表示纵向相关函数,g 为横向相关函数。在 Dryden 模型和 Von Karman 模型下,纵向相关函数和横向相关函数可表示为与空间某两点间的距离 r 的函数,即为 $f(r)$ 与 $g(r)$。$f(r)$ 与 $g(r)$ 之间的关系为[160]

$$g(r)=f(r)+\frac{r}{2}\frac{\mathrm{d}f}{\mathrm{d}r} \tag{4.13}$$

对于 Von Karman 模型,其能量频谱函数为

$$E(\Omega)=\sigma^{2}\frac{55L}{9\pi}\left[\frac{(aL\Omega)}{1+(1+aL\Omega^{2})^{17/6}}\right] \tag{4.14}$$

式中,$a=1.33$,L 为湍流尺度,Ω 为空间频率,σ 为湍流强度。

由此可推出大气湍流 Von Karman 模型的纵向相关函数 $f(r)$ 和横向相关函数 $g(r)$ 分别为[160-162]

$$f(r)=\frac{2^{2/3}}{\Gamma(1/3)}\zeta^{1/3}K_{1/3}(\zeta) \tag{4.15}$$

$$g(r)=\frac{2^{2/3}}{\Gamma(1/3)}\zeta^{1/3}[K_{1/3}(\zeta)-1/2\zeta K_{1/3}(\zeta)] \tag{4.16}$$

式中,$\zeta=r/aL$,Γ 为 Gamma 函数,K 为 Bessel 函数,r 为沿该方向两点间的距离。则可得出基于 Von Karman 模型频谱的空间相关函数为[160-162]

$$R_{\mathrm{UU}}(r_1,r_2,r_3)=\sigma_{\mathrm{n}}^2\frac{2^{2/3}}{\Gamma(1/3)}\zeta^{1/3}\left[K_{1/3}(\zeta)-K_{2/3}(\zeta)\frac{r_2^2+r_3^2}{2aLr}\right] \tag{4.17}$$

$$R_{\mathrm{VV}}(r_1,r_2,r_3)=\sigma_{\mathrm{n}}^2\frac{2^{2/3}}{\Gamma(1/3)}\zeta^{1/3}\left[K_{1/3}(\zeta)-K_{2/3}(\zeta)\frac{r_1^2+r_3^2}{2aLr}\right] \tag{4.18}$$

$$R_{\mathrm{WW}}(r_1,r_2,r_3)=\sigma_{\mathrm{n}}^2\frac{2^{2/3}}{\Gamma(1/3)}\zeta^{1/3}\left[K_{1/3}(\zeta)-K_{2/3}(\zeta)\frac{r_1^2+r_2^2}{2aLr}\right] \tag{4.19}$$

对于 Karman 模型,其自相关功率谱为

$$\Phi(\Omega)=\frac{440\pi^3}{9}\frac{\sigma^2a^4L^5(\Omega^2-\Omega_i^2)}{[1+(2\pi aL\Omega)^2]^{17/6}} \tag{4.20}$$

而对于 Dryden 模型,其能量频谱函数为

$$E(\Omega)=16\sigma^2L\frac{(2\pi L\Omega)^4}{[1+(2\pi L\Omega)^2]^3}$$

通过能量频谱函数可求出纵向和横向相关函数,分别为

$$f(r)=\mathrm{e}^{-\zeta} \tag{4.21}$$

$$g(r)=(1-r/2L)\mathrm{e}^{-\zeta} \tag{4.22}$$

式中,L 为湍流尺度,$\zeta=r/aL$,a 为常数。

对于 Dryden 模型,其自相关功率谱为

$$\Phi(\Omega)=\frac{64\sigma^2L^5\pi^3(\Omega^2-\Omega_i^2)}{[1+(2\pi aL\Omega)^2]^3} \tag{4.23}$$

与 Dryden 模型相比,Karman 模型的频谱函数在高频段的斜率不同,频谱函数更为复杂,更符合大气湍流的实际情况。本章将结合 Karman 模型来产生湍流场数据来对湍流进行仿真分析。

4.3　湍流特性分析

基于前章建立的风场模型，水平风场高度取为5 kft，风场的中心位置取在$(x,y)=(6\ \text{kft},6\ \text{kft})$。首先定义一个湍流模型[34-35]。湍流模型相关参数的说明如下：

- 湍流强度等级　V_t
- 随机湍流Y向分量空间尺度　L_y
- 随机湍流X向分量空间尺度　L_x
- 随机湍流Z向分量空间尺度　L_z
- 随机湍流Y向分量强度均方根　G_y
- 随机湍流X向分量强度均方根　G_x
- 随机湍流Z向分量强度均方根　G_z

由风速和高度定义的湍流场强度等级可表示为

$$V_t=\sqrt{V_x^{2}+V_y^{2}+V_z^{2}} \tag{4.24}$$

$$G_t=0.06\cdot V_t+0.25\cdot |V_{z0}| \tag{4.25}$$

当$H\geqslant 10$ kft时

$$G_y=G_x=G_z=G_t \tag{4.26}$$

当$H<10$ kft时

$$G_y=G_x=\frac{G_t}{\sqrt{0.3+0.000\,65\cdot H}} \tag{4.27}$$

当$H\leqslant 0.1$ kft时

$$G_z=\frac{G_t\cdot H}{100} \tag{4.28}$$

空间尺度随高度和垂直风速的变化可表示为

$$L_t=1\,000-0.2\cdot V_{z0}^{2} \tag{4.29}$$

当$H\geqslant 10$ kft时

$$L_y = L_x = L_z = L_t \tag{4.30}$$

当 $H<10$ kft 时

$$L_y = L_x = \frac{H}{0.12 + 0.000\,78 \cdot H} - 0.2 \cdot {V_{z0}}^2 \tag{4.31}$$

$$L_z = \frac{L_t \cdot H}{1\,000} \tag{4.32}$$

式中,L_y 和 L_x 最小值设为 200,L_z 最小值设为 100。

由于可把湍流看成由各种不同尺度大小和方向随机分布的涡旋叠合而成的流动,湍流中每个小尺度的涡旋特性相同,因此在此研究单个涡旋特性。按照上述湍流模型,结合前章风场模型,对 $H=5$ kft 处的湍流进行仿真。在顺风情形下对湍流的径向速度分布等进行仿真分析。仿真结果如图 4.1 到图 4.4 所示。图 4.1 和图 4.3 分别为当 $H=5$ kft 时,湍流场水平截面图和湍流径向速度分布图,图 4.2 为湍流中心垂直截面图,图 4.4 为经过抽取之后的三维湍流视图。

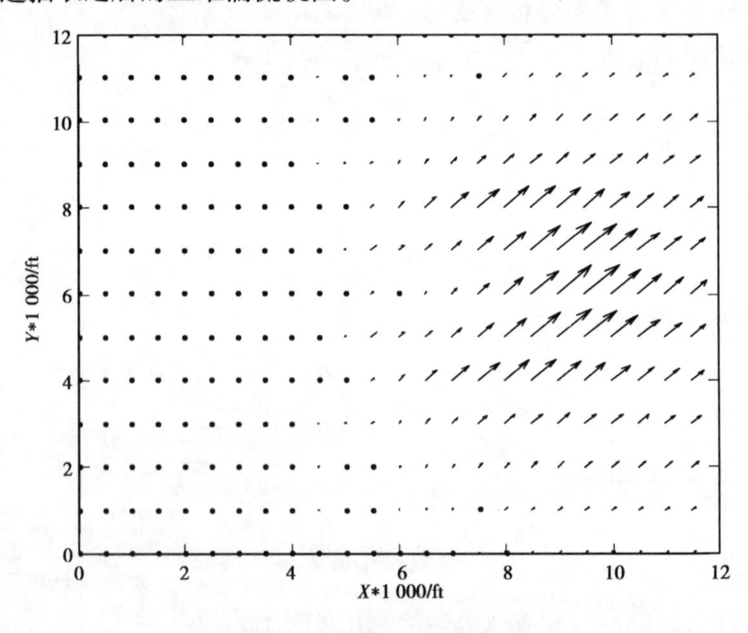

图 4.1　湍流场水平截面图

从图 4.1 到图 4.4 的湍流仿真结果可以看出,与风切变风场不同的

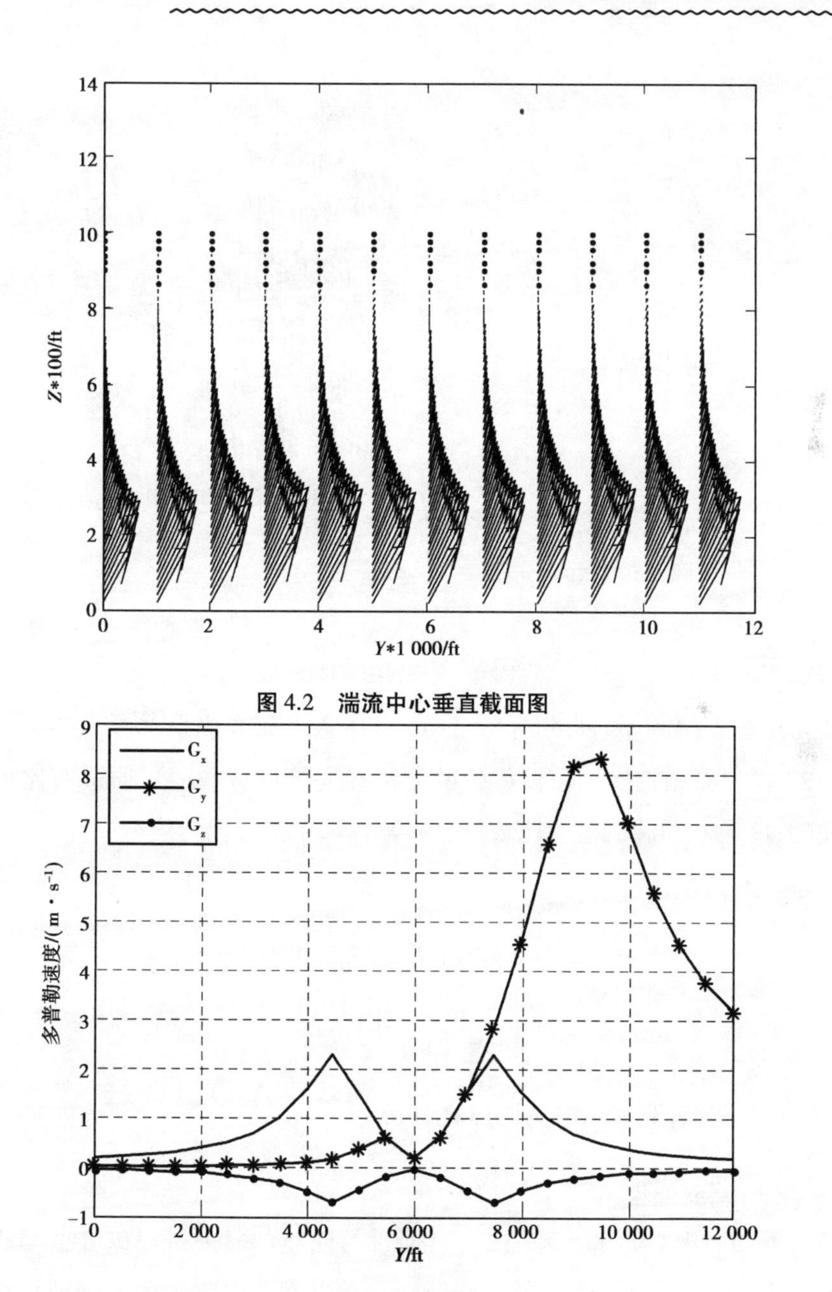

图 4.2　湍流中心垂直截面图

图 4.3　湍流径向速度分布

是，湍流涡旋场的风速和风向不会出现突变，也即没有切变的出现，且风速值只在相对较小的数值范围内沿一个方向变化，并表现出脉动的特征，而湍流正是这一系列小涡旋组成的高频脉动。

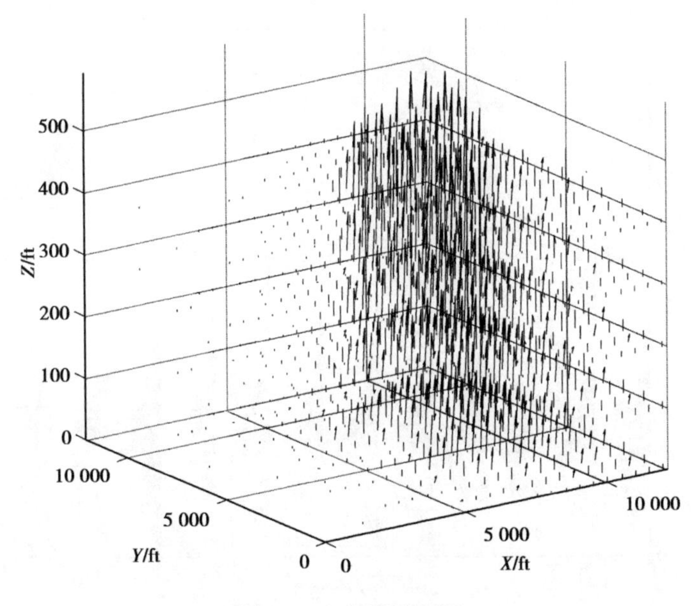

图 4.4　三维湍流视图

结合 Y. Moryossef, Murphy, Jason C 等人的研究成果[127-129]，参考文献[127-129]是根据实测数据得到的湍流径向速度分布的。通过对比可以发现，所建立的湍流模型比较符合实际情形下的径向速度分布。

4.4　湍流处理仿真分析

4.4.1　基于 FFT 的湍流仿真分析

(1)湍流处理

对多普勒信息的提取方法，可通过对回波信号进行傅里叶变换得到其频谱分布，进而导出平均多普勒频移和谱宽。气象雷达为了获取各个不同距离上的多普勒频移的信息，采用了脉冲多普勒体制，因此，某一距离上的返回信号经过 ADC 变换后是离散的。为提高计算速度则分别对各个距离门回波信号进行快速傅里叶变换处理。

湍流风场内,设某一距离门的风场回波信号为 $A(n)=X(n)+\mathrm{j}Y(n)$,$X(n)$,$Y(n)$ 分别为第 n 个脉冲采样信号的同向和正交分量,N 为采样序列长度,T_s 为回波信号采样时间间隔,可得到回波信号的功率谱

$$S(f_i)=|F(i)|^2=\left|\sum_{n=0}^{N-1}A(n)\exp\left(-\mathrm{j}2\pi\frac{ni}{N}\right)\right|^2 \tag{4.33}$$

式中,$F(i)$ 为回波信号的离散傅里叶变换

$$F(i)=\sum_{n=0}^{N-1}A(n)\exp\left(-\mathrm{j}2\pi\frac{ni}{N}\right) \tag{4.34}$$

式中

$$f_i=\frac{i}{NT_s}\qquad i=0,1,\cdots,N-1$$

平均频率是归一化功率谱的一阶矩,频谱宽度是归一化功率谱的二阶矩的平方根,湍流风场回波的平均多普勒速度和谱宽就由以下式子得到:

回波信号平均多普勒速度

$$\hat{f}_{\mathrm{FFT}}=\frac{\sum_{i=0}^{N-1}f_iS(f_i)}{\sum_{i=0}^{N-1}S(f_i)} \tag{4.35}$$

回波信号谱宽

$$\hat{\sigma}^2_{f_{\mathrm{FFT}}}=\frac{\sum_{i=0}^{N-1}(f_i-\hat{f}_{\mathrm{FFT}})^2S(f_i)}{\sum_{i=0}^{N-1}S(f_i)} \tag{4.36}$$

将式(4.33)分别代入式(4.35)及式(4.36)中,即可得到回波信号的平均多普勒速度与谱宽。估算湍流回波信号流程图如图 4.5 所示。

图 4.5 中的各变量关系说明如下:

输入变量:$x1[n]$,$x2[n]$——输入信号的实部与虚部,长度为 n;K——可检测最小信号的门限,若小于最小可检测门限,则 WV,SW 输出被置为零。

中间变量:Re——信号频谱的实部;Im——信号频谱的虚部;$SUM1$——频谱的实部和;$SUM2$——频谱虚部与对应的多普勒速度 V 的加权和;AvP——平均功率(dBW)。

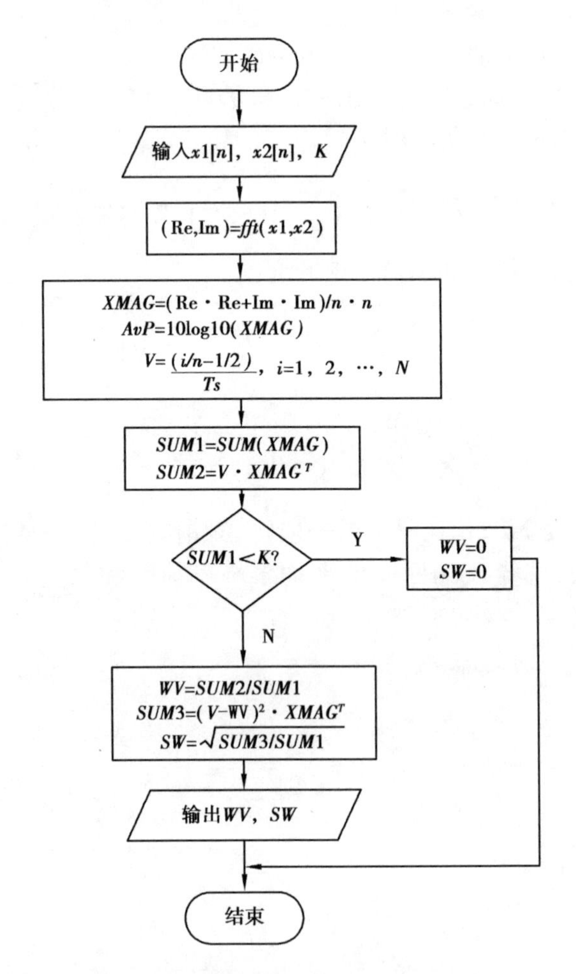

图 4.5　估算回波信号风速及谱宽流程图

输出变量：WV——平均风速；SW——平均谱宽。

(2)**仿真结果分析**

脉冲重复频率(PRF)为 3 500 Hz，脉冲宽度为 1.5 μs，工作频率为 9.0 GHz，最大不模糊风速为 30.003 m/s，微暴中心距跑道接地点纵向距离为 6 km，微暴中心距跑道接地点横向距离为 171.2 m，微暴的大小为 12 kft×12 kft×1 kft(1 ft = 0.304 8 m)。其中，L_y 和 L_x 最小值设为 200，L_z 最小值设为 100。

对 12 kft×12 kft×1 kft 的机场空间区域进行了 120×120×50 网格划分，每个网格大小为 100 ft×100 ft×20 ft。特征半径取 R = 2 000 ft，取湍流

的延伸直径为 1~3 km,水平风场高度为 5 kft。X 为垂直于飞机航向的,右为正;Y 为飞机航向为正;Z 为飞机跑道以上的地面高度,向上为正;风场的中心位置在$(x,y)=(6\ \text{kft},6\ \text{kft})$。

图 4.6 是基于所建立的湍流风场模型,由湍流信号造成的回波信号的多普勒三维速度谱;图 4.7 是采取基于 FFT 的湍流信号处理算法后所提取的一个扫描面上的多普勒三维速度谱。

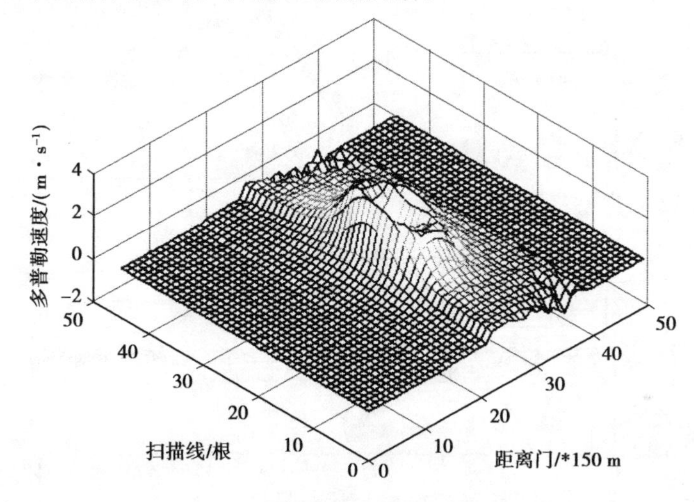

图 4.6　设定回波信号的三维速度谱

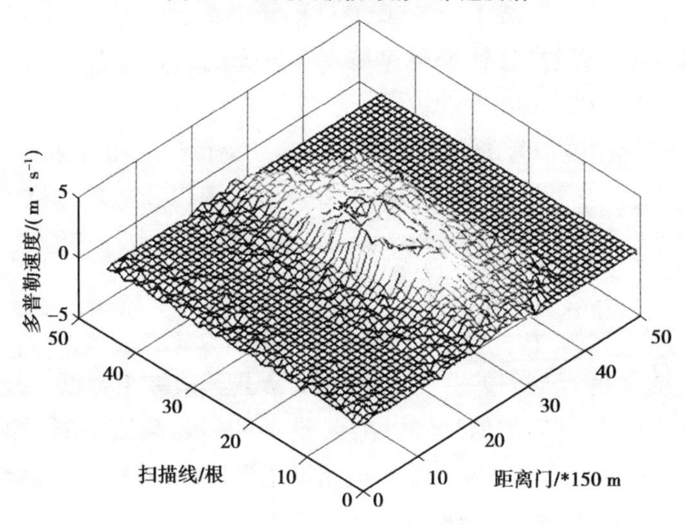

图 4.7　本节算法下得到的回波信号三维速度谱

通过比较图 4.6 和图 4.7 可知,本节算法能够较好地估计出湍流风场里的风速分布。

气象雷达在进行湍流信号处理时,对风场中各个距离门内的回波信号的谱宽进行估计,从而判断目标是否为湍流。图 4.8 是 50 个距离门上的估算风速和真实风速以及有无地杂波情况下的对比;图 4.9 是 50 个距离门上有无地杂波情况下的回波谱宽。

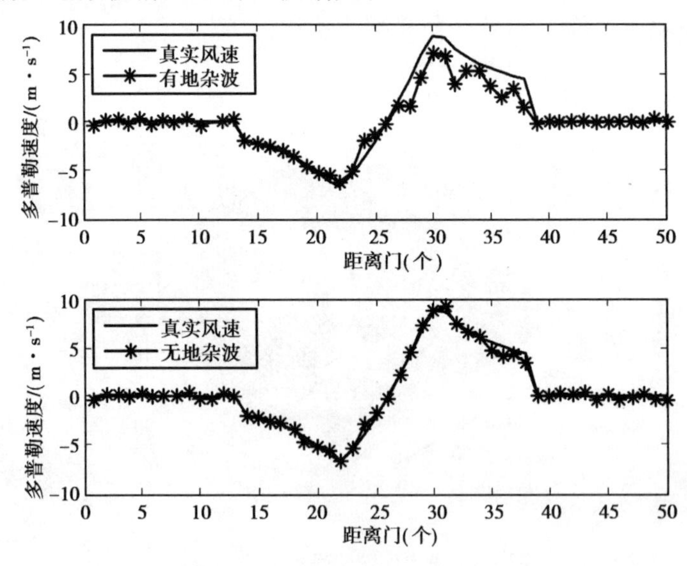

图 4.8　不同距离门上的风速估值

从图 4.8 可以看出,估算风速与真实风速的对比在没有地杂波的情况下要优于有地杂波的情况。

气象目标回波信号的频谱是由飞机和气象目标的相对速度所形成的多普勒频率、微粒平均速度所形成的多普勒频率以及微粒速度差形成的多普勒频率组成。回波的标准偏差 σ 可近似地表示为

$$\sigma \approx \sqrt{\left\{\sigma_{\text{rain}}^2 + \left(\frac{2V\delta \sin\theta}{\lambda}\right)^2\right\}} \tag{4.37}$$

式中,σ_{rain}是雨的标准偏差,V 是飞机速度,δ 是天线波束宽度,λ 是雷达波长,θ 是方位角。把回波信号的标准偏差 σ 的值与湍流检测门限值相比较,如果实际的回波信号标准偏差值超过湍流检测门限值,则湍流是存在的,则送出湍流显示信号和报警信号。为了方便、有效地研究在有地杂波和无地杂波的情形下湍流目标的存在情况,不失一般性,假定湍流检测门

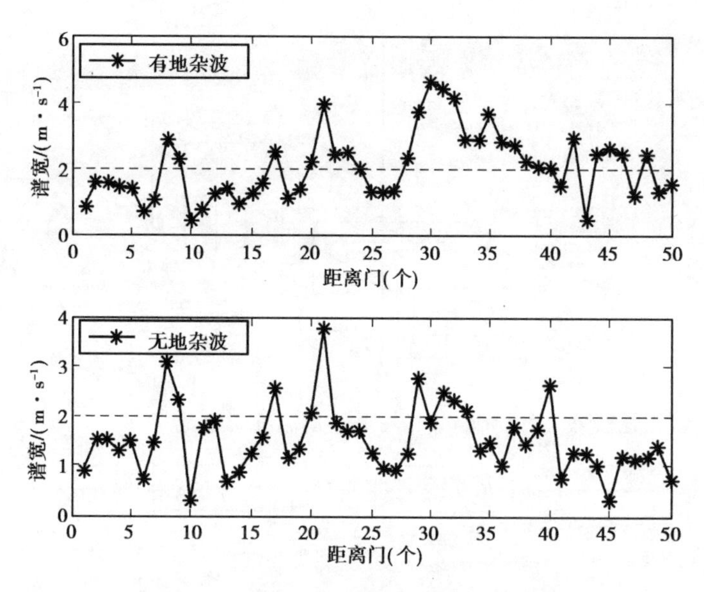

图 4.9　不同距离门上的回波信号谱宽估值

限为 2 m/s。如图 4.9 所示,可以看出在无地杂波情况下,在该扫描线上,第 8,17,21,28,32,33,40 个距离门单元上回波谱宽超出门限值,则在这些距离门上存在湍流目标,从图 4.9 可以看出,在有地杂波情况下的湍流目标要多于没有地杂波的情况。

4.4.2　基于 Von Karman 模型的湍流信号处理

(1)三维湍流场产生

湍流场需要从频域变换到时域产生,图 4.10 中在频域空间把湍流场划分为 $M_1 \times M_2 \times M_3$ 个网格点。

根据离散傅里叶变换变换性质,则时域空间采样率和频域采样率二者之间的关系为

$$\Delta v_i = \frac{v_{s_i}}{M_i} \qquad i = 1,2,3 \tag{4.38}$$

$$\Delta r_i = \frac{1}{v_{s_i}} \qquad i = 1,2,3 \tag{4.39}$$

式中,v_{s_i}是 r_i 方向上的时域采样率,M_i 是在 r_i 方向的网格点的数量,Δv_i 是在 r_i 方向的频域空间上的网格间距。Δr_i 是在 r_i 方向上的时域网格间距。

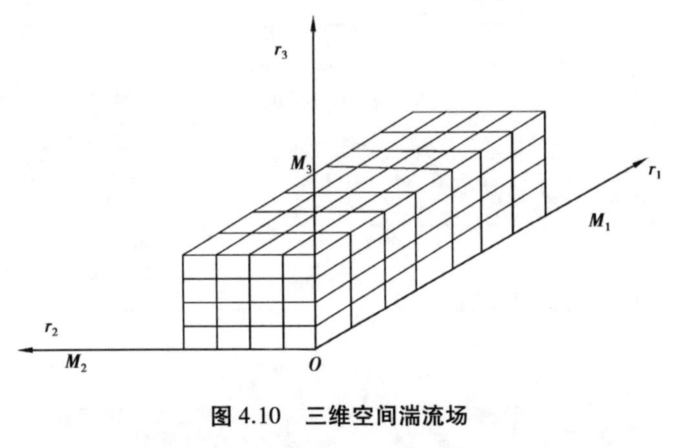

图 4.10　三维空间湍流场

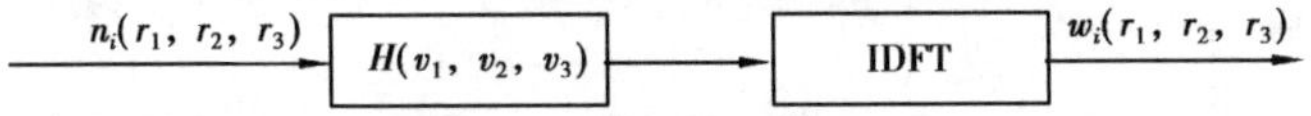

$n_i(r_1, r_2, r_3)$ → $H(v_1, v_2, v_3)$ → IDFT → $w_i(r_1, r_2, r_3)$

图 4.11　湍流场的生成

图 4.11 中，$i=1,2,3$，$n_i(r_1,r_2,r_3)$为三路高斯白噪声序列，$H(v_1,v_2,v_3)$表示三维成型滤波器函数，IDFT 为逆三维离散傅里叶变换，$w_i(r_1,r_2,r_3)$表示各向同性湍流。

对于 Von Karman 模型，其自相关功率谱[126]为

$$\Phi_{ii}(v_1,v_2,v_3)=\frac{440\pi^3}{9}\frac{\sigma^2 a^4 L^5(v^2-v_i^2)}{[1+(2\pi aLv)^2]^{17/6}} \tag{4.40}$$

式中，$v=\sqrt{v_1^2+v_2^2+v_3^2}$，$\Phi_{ii}(v_1,v_2,v_3)(i=1,2,3)$分别为纵向和两个横向的功率谱，$a$ 为定值 1.339，σ 是湍流强度，v_i 为三轴空间频率。

Von Karman 模型的成型滤波器函数[172]为

$$H(v_1,v_2,v_3)=\frac{\sqrt{v_{s_1}v_{s_2}v_{s_3}\Phi_w(v_1,v_2,v_3)}}{\sigma_{x_n}} \tag{4.41}$$

式(4.41)中，$\Phi_w(v_1,v_2,v_3)$是三维 Von Karman 频谱函数。

由于在实际的大气环境中，湍流尺度和强度是随着飞行高度而变化的，则可将空间距离无因次化，则有

$$\overline{v_{s_i}}=v_{s_i}L,\overline{r_i}=\frac{r_i}{L} \tag{4.42}$$

$$r_i=\Delta r_i M_i \tag{4.43}$$

式中，$\overline{v_{s_i}}$为无因次空间采样率；$\overline{r_i}$为无因次空间距离，L 为湍流场尺度。用

L_x 表示 x 轴方向的湍流尺度，用 L_y 表示 y 轴方向的湍流尺度，用 L_z 表示 z 轴方向的湍流尺度。

根据空间频谱 $v_i=\hat{v}_i L$，$\hat{v}_i$ 表示空间波数。无因次频谱 Φ_w 可根据有因次频谱 $\hat{\Phi}_w$ 来得到，即

$$\Phi_w(v_1,v_2,v_3)\,\mathrm{d}v_1\mathrm{d}v_2\mathrm{d}v_3=\hat{\Phi}_w\left(\frac{v_1}{L},\frac{v_2}{L},\frac{v_3}{L}\right)\frac{\mathrm{d}v_1\mathrm{d}v_2\mathrm{d}v_3}{L^3} \tag{4.44}$$

（2）**湍流信号处理**

三维离散傅里叶变换和反变换为

$$X_{k_1,k_2,k_3}=\sum_{n_1=0}^{M_1-1}\sum_{n_2=0}^{M_2-1}\sum_{n_3=0}^{M_3-1}x_{n_1,n_2,n_3}\mathrm{e}^{-\mathrm{j}2\pi(n_1k_1/M_1+n_2k_2/M_2+n_3k_3/M_3)} \tag{4.45}$$

$$x_{n_1,n_2,n_3}=\frac{1}{M_1M_2M_3}\sum_{k_1=0}^{M_1-1}\sum_{k_2=0}^{M_2-1}\sum_{k_3=0}^{M_3-1}X_{k_1,k_2,k_3}\cdot\mathrm{e}^{+\mathrm{j}2\pi(n_1k_1/M_1+n_2k_2/M_2+n_3k_3/M_3)} \tag{4.46}$$

式中，$n_i=0,1,\cdots,M_i-1$；$k_i=0,1,\cdots,M_i-1$。其中，x_{n_1,n_2,n_3} 为三维傅里叶变换的时域数值序列，X_{k_1,k_2,k_3} 为三维傅里叶变换的频域数值序列。

设三维零均值时域噪声方差为 $\sigma_{x_n}^2$，则三维零均值频域噪声方差 $\sigma_{N_k}^2$ 为

$$\begin{aligned}\sigma_{N_k}^2&=\mathrm{E}[X_{k_1,k_2,k_3}\cdot X_{k_1,k_2,k_3}^*]\\&=M_1M_2M_3\sigma_{x_n}^2(\Delta r_1\Delta r_2\Delta r_3)^2\\&=M_1M_2M_3\sigma_{x_n}^2(v_{s1}v_{s2}v_{s3})^2\end{aligned} \tag{4.47}$$

FFT 的三维对称特性见表 4.1。

表 4.1　FFT 三维对称特性

$X(M_1-k_1,0,0)=X^*(k_1,0,0)$，$\mathrm{Im}[X(M_1/2,0,0)]=0$
$X(0,M_2-k_2,0)=X^*(0,k_2,0)$，$\mathrm{Im}[X(0,M_2/2,0)]=0$
$X(0,0,M_3-k_3)=X^*(0,0,k_3)$，$\mathrm{Im}[X(0,0,M_3/2)]=0$
$X(M_1-k_1,M_2-k_2,0)=X^*(k_1,k_2,0)$，$\mathrm{Im}[X(M_1/2,M_2/2,0)]=0$
$X(M_1-k_1,0,M_3-k_3)=X^*(k_1,0,k_3)$，$\mathrm{Im}[X(M_1/2,0,M_3/2)]=0$
$X(0,M_2-k_2,M_3-k_3)=X^*(0,k_2,k_3)$，$\mathrm{Im}[X(0,M_2/2,M_3/2)]=0$
$X(M_1-k_1,M_2-k_2,M_3-k_3)=X^*(k_1,k_2,k_3)$，$\mathrm{Im}[X(k_1,M_2/2,M_3/2)]=0$

气象雷达湍流处理流程如图 4.12 所示。图 4.12 中,IDFT 的目的是为了把产生的湍流数据转化到空域,这里需要说明的是产生三维频域噪声方差一定要满足式(4.47)的要求。

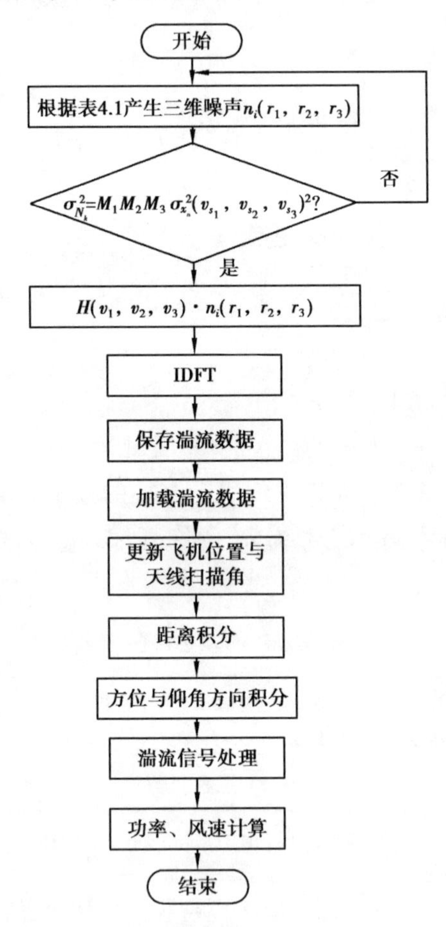

图 4.12　机载雷达湍流处理流程图

(3)**仿真结果分析**

网格空间采用 64×64×64,$L_x=40$ m;$L_y=L_z=20$ m,脉冲重复频率为 3 724 Hz,发射平均功率为 150 W,距离门数为 50,方位扫描中心为 0°,俯仰扫描中心为−3°。

图 4.13 、图 4.14 分别为在无因次和有因次情形下的湍流仿真图。

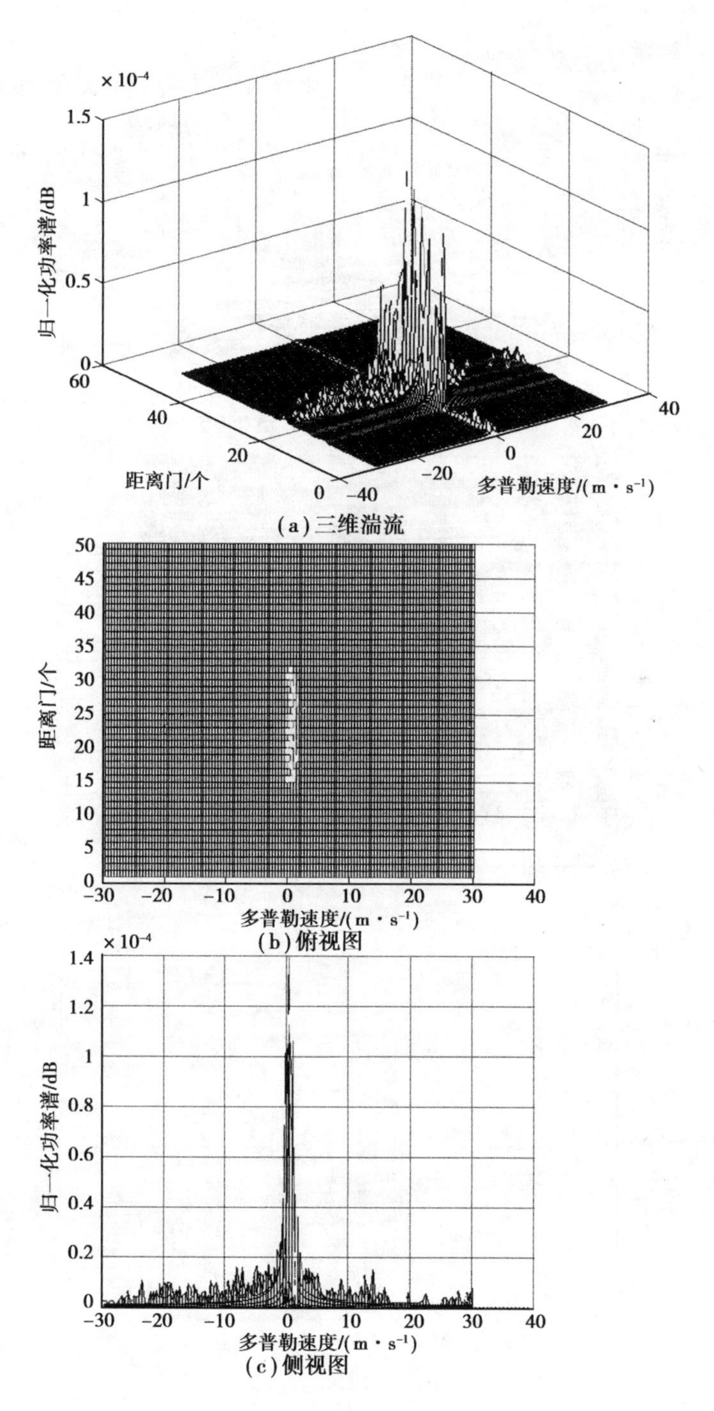

图 4.13　无因次情形下的湍流仿真图

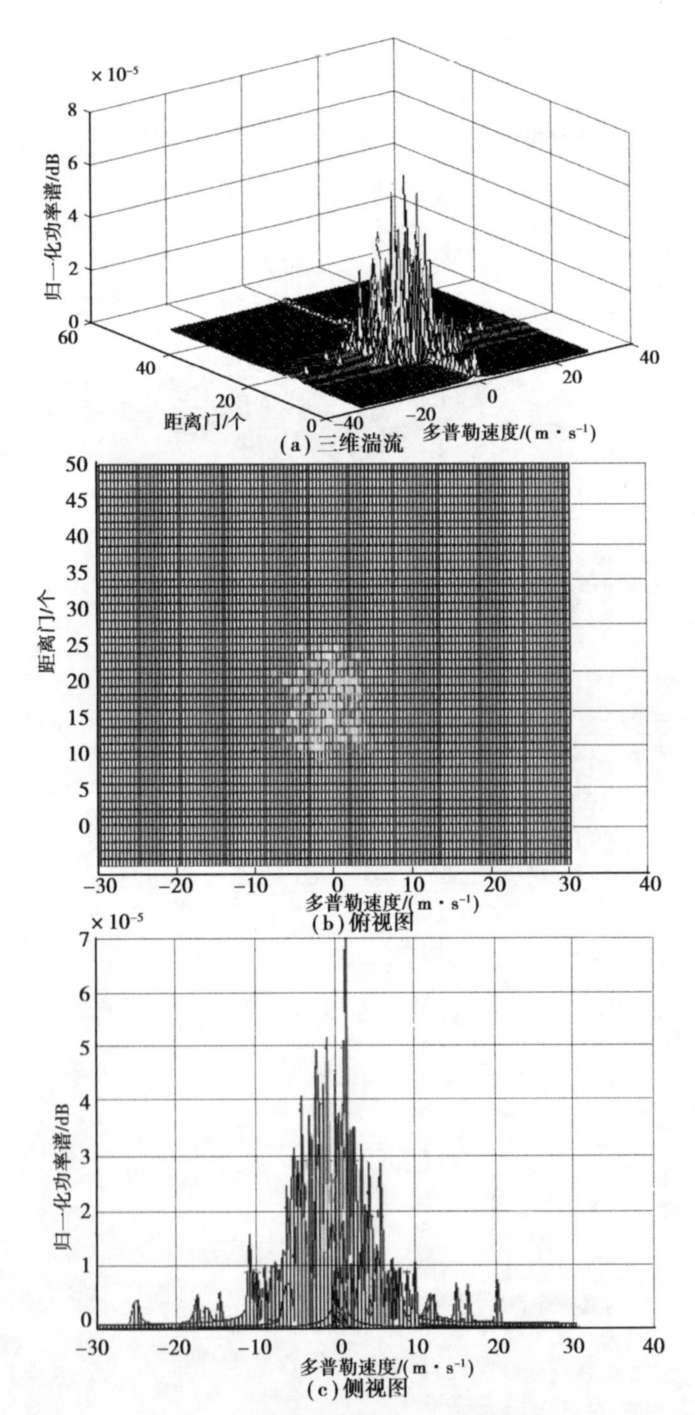

图 4.14 有因次情形下的湍流仿真图

通过图4.13和图4.14可以看出,在湍流区域中,速度谱分布体现出“脉动”的特征,符合涡旋的基本特性,有因次情形下的湍流速度的波动规律与无因次的规律是类似的,但有因次的波动幅度要大于无因次情形。气象目标是由大量散射粒子组成的,是分布式目标。当雷达波照射时,大量粒子(具有随机相位)散射电场的叠加可得到一个高斯统计信号。由于粒子相互运动,故还存在一个多普勒谱方差,因此,气象目标的回波功率谱呈现近似高斯谱的特性。从图4.13和图4.14可以看出,仿真结果与理论分析是一致的,说明产生的湍流场数据是合理的。

用V_x表示X轴上的速度,V_y表示Y轴上的速度,V_z表示Z轴上的速度,则总的速度V为$\sqrt{{V_x}^2+{V_y}^2+{V_z}^2}$。各个方向上的风速以及总风速$V$的矢量估计图如图4.15所示。

设湍流检测门限为5 m/s。图4.15仿真的是64×64×64网格空间上的第32根扫描线的风速。从图4.15(d)可以看出,网格点16,42处(即在点(32,40,16)和点(32,40,42)处)存在湍流目标。

图4.16是仿真了$z=32$上的风速。其他情形下的风速值与图4.16相类似,都呈随机性的剧烈变化。

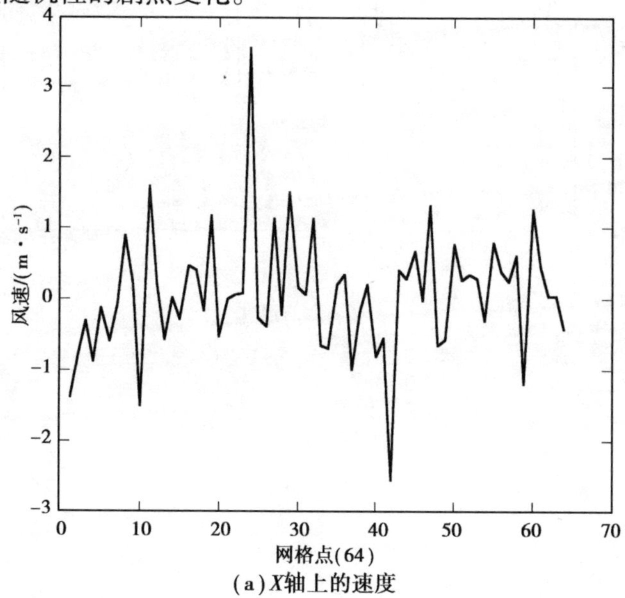

(a)X轴上的速度

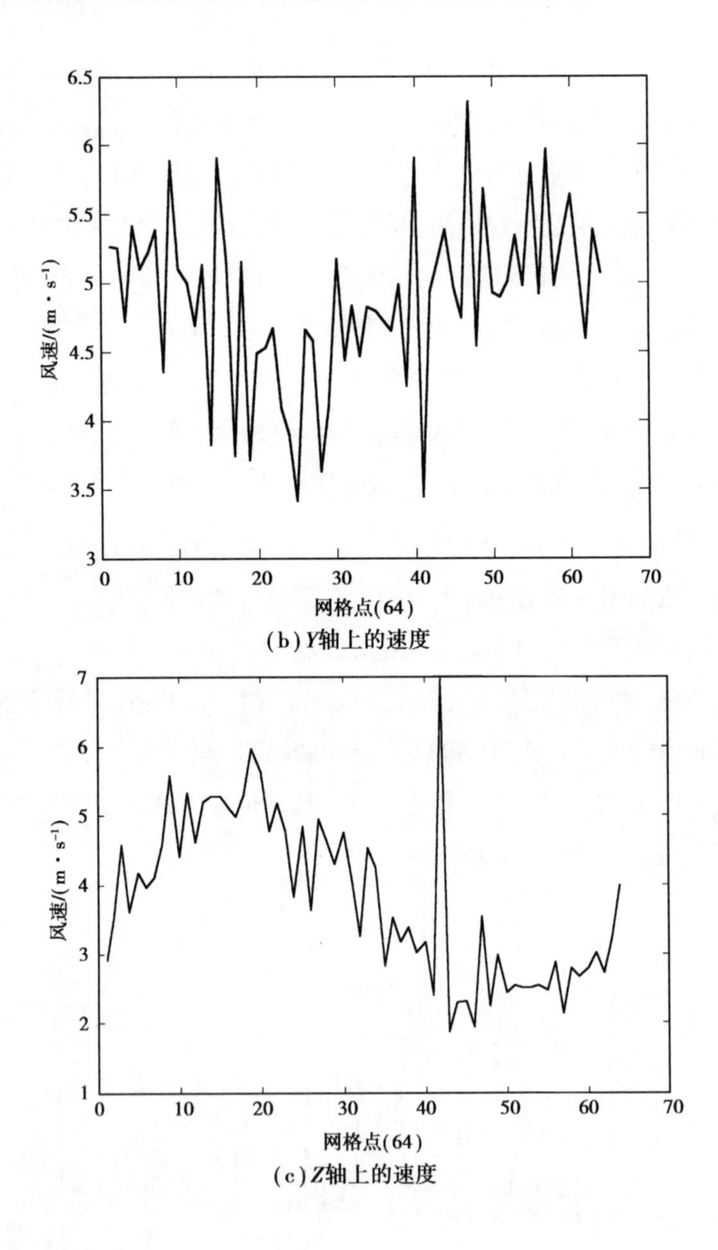

(b) Y轴上的速度

(c) Z轴上的速度

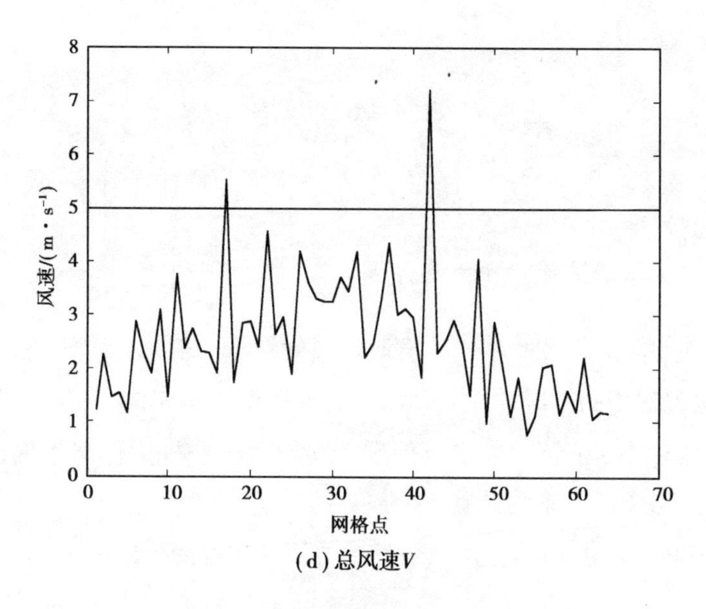

(d) 总风速 V

图 4.15　风速矢量估计图(有因次)

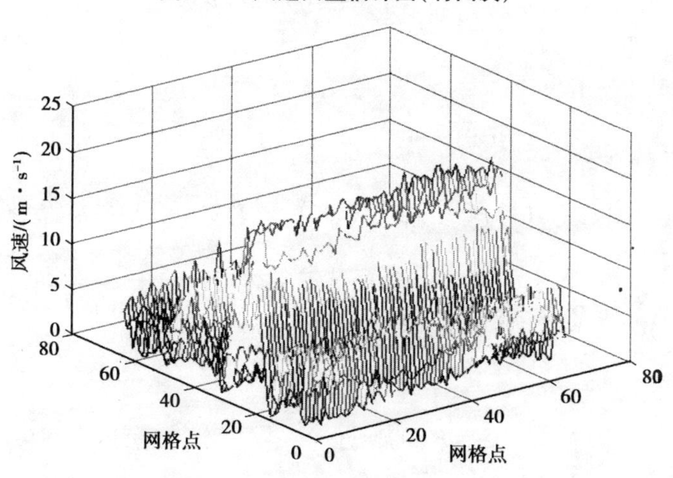

图 4.16　三维湍流场图(有因次情形)

4.5 湍流检测性能仿真

4.5.1 传统湍流检测算法分析

传统的湍流检测算法主要有脉冲对处理法和模式分析法等。实际应用中,比较常用的是脉冲对处理法(Pulse Pair Processing,PPP)[60-67]。

脉冲对法对湍流信号进行处理其实质上是一极大似然无偏估计,通过数据的相关函数来估计其速度。

在 PPP 法中,由相关函数估计回波信号速度的公式为

$$\hat{v} = \frac{-\lambda_0}{4\pi T_s}\arg\{\hat{R}(1)\} \tag{4.48}$$

其中

$$\hat{R}(1) = \frac{1}{N}\sum_{n=0}^{N-1} A^*(n)A(n+1) \tag{4.49}$$

由相关函数估计回波信号谱宽的公式为

$$\hat{\sigma}_v = \frac{\lambda}{2\pi T_s\sqrt{2}}\left|\ln\left(\frac{\hat{S}}{|\hat{R}(1)|}\right)\right|^{1/2}\operatorname{sgn}\left(\left|\ln\left(\frac{\hat{S}}{|\hat{R}(1)|}\right)\right|\right) \tag{4.50}$$

其中

$$\hat{S} = \hat{R}(0) = \frac{1}{N}\sum_{n=0}^{N-1} |A(n)|^2 \tag{4.51}$$

式(4.48)—式(4.51)中,$A(n)$ 为一个距离门上的回波脉冲,N 为回波信号长度,T_s 为回波信号采样时间间隔,λ 为雷达发射脉冲波长。

由以上分析可以看出,要得到平均多普勒速度和谱宽,只要求时间间隔为 T_s 的相邻回波脉冲的复自相关就可以了。复自相关的相位决定了回波信号的平均多普勒速度,而模值决定了回波信号的谱宽。

实际信号处理中,一般先得到该距离门内间隔为 T_s 的采样序列 A

$(n)=X(n)+jY(n)$。其中，$X(n)$，$Y(n)$分别为其同向分量与正交分量采样值。设采样点数为 N，然后取两个相邻的复采样时间序列 $A(n)$，$A(n+1)$，就可获得回波信号相关函数的估计，即

$$\hat{R}(1)=\frac{1}{N}\sum_{n=0}^{N-1}A(n+1)A^{*}(n) \tag{4.52}$$

$$\hat{R}(0)=\frac{1}{N}\sum_{n=0}^{N-1}A(n)A^{*}(n) \tag{4.53}$$

$$\overline{f_{\mathrm{d}}}=\frac{-1}{2\pi T_{\mathrm{s}}}\arctan\frac{\overline{Y(n)X(n+1)-X(n)Y(n+1)}}{\overline{X(n)X(n+1)+Y(n)Y(n+1)}} \tag{4.54}$$

根据运动目标的多普勒效应，速度与频率的关系为

$$\overline{f_{\mathrm{d}}}=2\overline{v_{\mathrm{d}}}/\lambda_{0} \tag{4.55}$$

$$\overline{v_{\mathrm{d}}}=\overline{f_{\mathrm{d}}}\lambda_{0}/2 \tag{4.56}$$

因此，知道了平均多普勒频率即可求出平均多普勒速度。将式(4.51)、式(4.53)代入式(4.50)即可得到信号的谱宽；将式(4.54)代入式(4.56)，即可得到信号的平均多普勒速度。

4.5.2　基于对数似然比的湍流检测

从湍流区反射回的雷达信号是一个相关随机过程，两个连续脉冲之间的同一分辨体反射信号的相关系数 r 是多普勒速度的均方根 σ_{V} 值的函数[180]，即 $r=f(\sigma_{\mathrm{V}})$。

信号与噪声之间的特性用相关因子 ρ 来表示，即

$$\rho=\frac{r\gamma}{1+\gamma} \tag{4.57}$$

$$\gamma=k\sigma_{\mathrm{V}}^{2}/\sigma_{n}^{2} \tag{4.58}$$

式(4.58)中的 γ 表示信噪比 SNR，σ_{n}^{2} 表示噪声方差，k 是与气象雷达特性有关的空间因子。式(4.57)中的相关系数 r 采用

$$r=1-\frac{8\pi^{2}T_{\mathrm{s}}^{2}}{\lambda^{2}}\sigma_{\mathrm{V}}^{2} \tag{4.59}$$

式中，T_s 是脉冲重复周期，λ 是气象雷达工作波长。综合式(4.57)—式(4.59)可得出相关因子 ρ 的表达式为

$$\rho = \left(1 - \frac{8\pi^2 T_s^2}{\lambda^2}\sigma_V^2\right)\frac{(k\sigma_V^2/\sigma_n^2)}{1 + k\sigma_V^2/\sigma_n^2} \tag{4.60}$$

可看出相关因子 ρ 是非单调函数，在 $\frac{d\rho}{d\sigma_V}=0$ 时有最大值，由 $\frac{d\rho}{d\sigma_V}=0$ 得

$$\sigma_V^2 = \frac{-mk\sigma_n^2 + \sqrt{(mk\sigma_n^2)^2 + mk^3\sigma_n^2}}{mk^2} \tag{4.61}$$

式中，$m=\frac{8\pi^2 T_s^2}{\lambda^2}$；结合式(4.58)，在取得最大值时的信噪比为

$$\gamma_0 = -1 + \sqrt{1 + \frac{k}{m\sigma_n^2}} \tag{4.62}$$

图 4.17 显示的是在不同的噪声功率 σ_n 下相关因子 ρ 和多普勒速度均方根值 σ_V 之间的关系(假设 $T_s = 0.001$ s，$\lambda = 0.03$ m，$k = 1$)；脉冲对方法是检测信号和噪声的相关因子 ρ，当 SNR 大于等于式(4.62)的最大值时才适用。实际上，脉冲对方法是检测信号中相关因子的减少。在低 SNR 值下脉冲对方法的检测性能大大降低，这就导致湍流检测距离的减少。

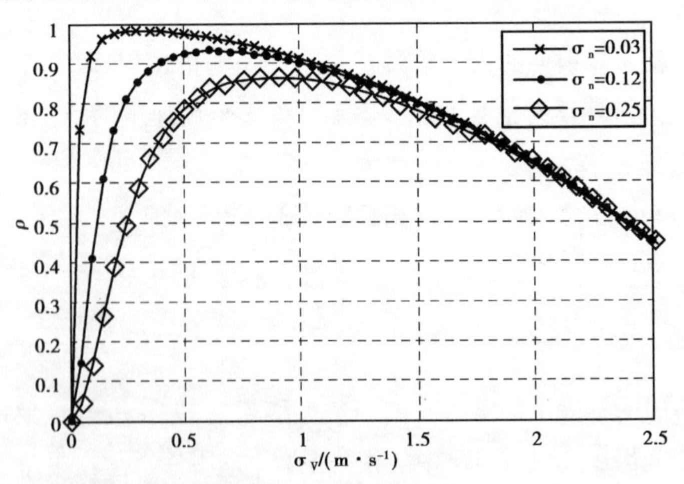

图 4.17　相关因子 ρ 在不同噪声功率下与 σ_V 的关系

这里使用湍流多普勒速度均方根 σ_V 来对湍流等级进行分类,见表 4.2。

表 4.2　湍流等级分类

湍流强度	可忽略	轻微	中度	强度
$\sigma_V/(\mathrm{m \cdot s^{-1}})$	0~1.5	1.5~3	3~4.5	>4.5

在湍流区域中,假设存在微粒 S,则机载雷达的湍流观测示意图如图 4.18 所示。

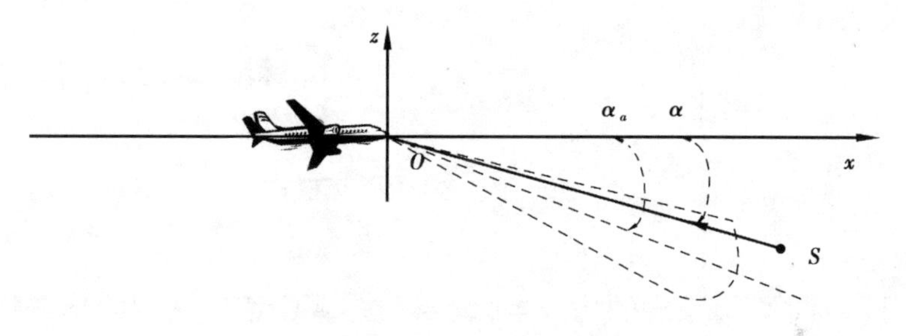

图 4.18　湍流观测示意图

设飞机沿着 x 轴以恒定的速度 V 飞行,天线视角为 α_a,从散射体 S 返回的接收信号的多普勒频移为

$$f(\alpha)=\frac{2V}{\lambda}\cos\alpha \tag{4.63}$$

λ 为雷达发射波长,α 是散射体 S 的方位角,天线波束宽度 $\Delta\alpha$ 的频谱展宽可由式(4.63)来估计[150],即

$$\Delta f_{\mathrm{ante}}=f\left(\alpha_a-\frac{\Delta\alpha}{2}\right)-f\left(\alpha_a+\frac{\Delta\alpha}{2}\right)\approx\frac{2V\Delta\alpha}{\lambda}\sin\alpha_a \tag{4.64}$$

当 $V=200$ m/s,$\lambda=3.2$ cm(载波频率为 9 375 MHz),$\Delta\alpha=3°$,$\alpha_a=90°$,则由式(4.64)可得 $\Delta f_{\mathrm{ante}}=655$ Hz。

大气湍流的频谱展宽可估计为

$$\Delta f_{\mathrm{turb}}=\frac{2\sigma_V}{\lambda} \tag{4.65}$$

σ_V 是多普勒速度谱宽均方根,当 $\Delta f_{\mathrm{turb}}>\Delta f_{\mathrm{ante}}$ 时,可判断为存在湍流目标,这就要求 $\sigma_V>10$ m/s。根据表 4.2,当 $\sigma_V\geqslant 5$ m/s 时,就认为是相当

危险的,则需要建立相应的湍流检测模型来提高其检测概率。

湍流检测是一个二元假设检测,其模型如下:

H_0:不存在湍流目标;

H_1:存在湍流目标。

用σ_{v0}表示其检测门限,则有

$$\begin{cases} H_0:\sigma_V < \sigma_{v0} \\ H_1:\sigma_V \geqslant \sigma_{v0} \end{cases} \tag{4.66}$$

则输入检测系统的$x(t)$湍流信号检测模型如图4.19所示。

$$x(t)=\begin{cases} n(t) \\ s(t)+n(t) \end{cases} \longrightarrow \boxed{\text{检测系统}} \longrightarrow x(t)=\begin{cases} s(t)\text{不存在}, H_0 \\ s(t)\text{存在}, H_1 \end{cases}$$

图4.19 湍流信号检测模型

图4.19中,$s(t)$为湍流信号,$n(t)$为高斯噪声。

用σ表示湍流幅度的均方根,设σ与多普勒速度谱宽的均方根σ_V具有线性回归关系,即

$$\sigma^2 = k\sigma_V^2 \tag{4.67}$$

假设湍流信号回波是一个窄带过程,用相关函数描述为

$$B(\tau) = \sigma^2 e^{-\beta|\tau|}\cos\omega_0\tau \tag{4.68}$$

式中,ω_0为载频,此窄带过程的包络是个马尔科夫过程;则从状态$i-1$转移到i的条件概率密度函数为[116]

$$p(x_i \mid x_{i-1};r,\sigma^2) = \frac{x_i}{\sigma^2(1-r^2)}\exp\left[-\frac{r^2x_{i-1}^2 + x_i^2}{2\sigma^2(1-r^2)}\right] I_0\left[\frac{rx_{i-1}x_i}{\sigma^2(1-r^2)}\right] \tag{4.69}$$

样本$x_1,\cdots,x_n$的n维概率密度函数可由一维概率密度函数和条件概率密度函数来求出,即

$$p(x_1,\cdots,x_n;r,\sigma^2) = p_1(x_1)\cdot\prod_{i=2}^{n} p(x_i \mid x_{i-1};r,\sigma^2) \tag{4.70}$$

令一维概率密度函数$p_1(x_1)$服从瑞利分布,即

$$p_1(x_1) = x_1/\sigma^2\exp(-x_1^2/2\sigma^2) \tag{4.71}$$

把式(4.69)和式(4.71)代入式(4.70)中,则得到样本 $x_1,\cdots,x_n$ 的多维概率密度函数。

$$p(x_1,\cdots,x_n;r,\sigma^2)=\frac{x_1}{\sigma^2}e^{-\frac{x_1^2}{2\sigma^2}}\prod_{i=2}^{n}\frac{x_i}{\sigma^2(1-r^2)}\exp\left[-\frac{r^2x_{i-1}^2+x_i^2}{2\sigma^2(1-r^2)}\right]I_0\left[\frac{rx_{i-1}x_i}{\sigma^2(1-r^2)}\right] \tag{4.72}$$

其中,$x_i>0,i=1,2,\cdots,n$.

湍流检测可看成在不同参数假设下的问题。$H_0:\sigma=\sigma_0;r=r_0,H_1:\sigma=\sigma_1;r=r_1$,下标0和1分别对应湍流不存在和湍流存在的两种情形。

采用对数似然比准则,其检测准则主要是计算假设

$$L(x_1,\cdots,x_n)=\ln\left[\frac{p_1(x_1,\cdots,x_n;\sigma_1,r_1)}{p_0(x_1,\cdots,x_n;\sigma_0,r_0)}\right] \tag{4.73}$$

式中,$p_1(x_1,\cdots,x_n;\sigma_1,r_1)$是在 H_1 假设下的多维概率密度函数,在 H_1 下的 σ_V 取为4.5 m/s,于是可根式(4.59)、式(4.67)求出相应的 σ_1,r_1。$p_0(x_1,\cdots,x_n;\sigma_0,r_0)$是在 H_0 假设下的多维概率密度函数,在 H_0 假设下 σ_V 取为1 m/s。同理,可求出相应的 σ_0,r_0。

对于较大的 x 值,贝塞尔函数 $I_0(x)$具有近似值

$$I_0(x)\approx e^x/\sqrt{2\pi x},x\gg 1 \tag{4.74}$$

把式(4.71)代入式(4.73),并结合式(4.74);可得出检测算法

$$L(x_1,\cdots,x_n)=\sum_{i=2}^{n-1}(C_1x_i^2+C_2x_{i-1}^2+C_3x_ix_{i+1})>\sigma_{v0} \tag{4.75}$$

其中

$$C_1=C_{21}r_0^2-C_{22}r_1^2;C_2=C_{21}-C_{22};C_3=2(C_{21}r_1-C_{22}r_0);$$

$$C_{21}=2\sigma_1^2(1-r_1^2);C_{22}=2\sigma_0^2(1-r_0^2)$$

在 H_0 假设下,设 $\sigma_V=\sigma_0=1$ m/s;在 H_1 假设下,设 $\sigma_V=\sigma_1=4.5$ m/s;则可求出相应的 C_1,C_2,C_3。采用 Monte Carlo 方法对其进行仿真分析的步骤描述如下:

步骤1:初始化检测门限、处理次数 M、样本量 N,并令 $K=0,m=1$。

步骤 2:判断式(4.75)是否大于检测门限。若是,则执行 $K=K+1$,并判断 m 是否等于 M,若是则执行步骤 4。

步骤 3:若式(4.75)小于检测门限,则执行 $K=K$,并判断 m 是否等于 M。若是,则继续执行步骤 4,若否则重新返回判断。

步骤 4:设进行 M 次处理,在每次处理中,令

$$K_i=\begin{cases}1 & L(x_1,\cdots,x_n)>\sigma_{v0}\\0 & L(x_1,\cdots,x_n)<\sigma_{v0}\end{cases}$$

步骤 5:计算检测概率,在 M 次处理中,超过门限的次数 $K=\sum_{i=1}^{M}K_i$,则检测概率为

$$P_d=\lim_{M\to\infty}\frac{K}{M}$$

设气象雷达工作波长 λ 为 0.03 m,脉冲重复周期 T_s 为 0.01 s,运用 Monte Carlo 方法进行仿真分析。

图 4.20 和图 4.21 分别是在相同虚警率和信噪比、不同样本量下新的湍流检测算法与传统脉冲对算法的检测概率比较。

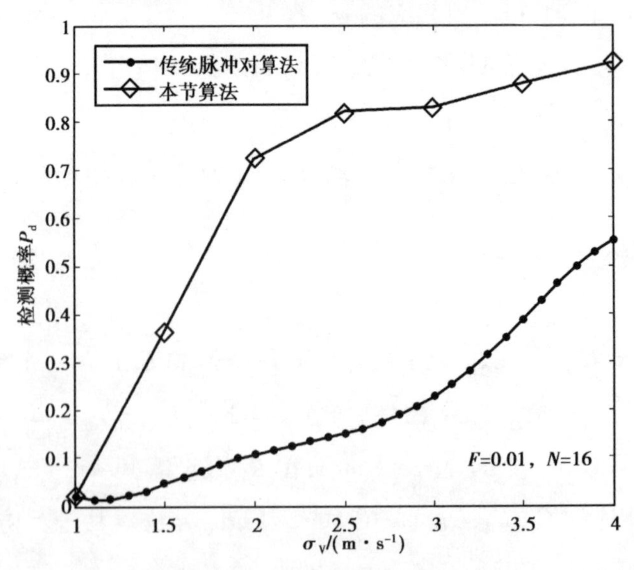

图 4.20 $N=16$ 下的检测性能

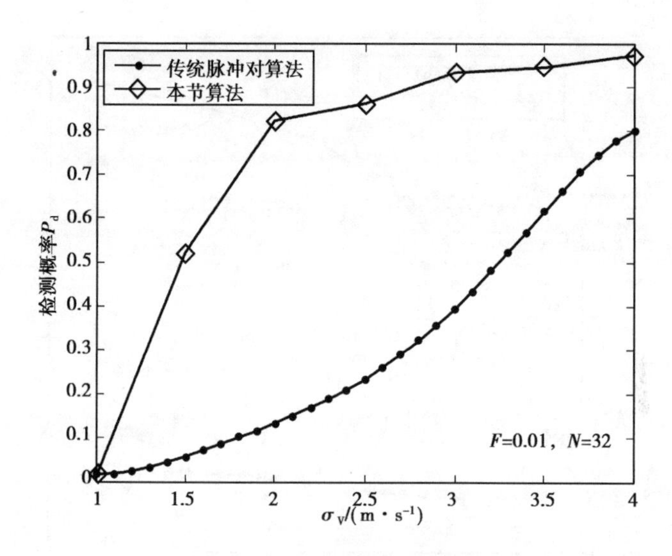

图 4.21　$N=32$ 下的检测性能

图 4.20 显示的是在虚警率 $F=0.01$、SNR = 10 dB、样本量 $N=16$ 下的湍流检测性能。通过图 4.20 可以看出，随着湍流多普勒速度的均方根值的增大，其检测概率呈增大趋势；通过与脉冲对处理方法对比，其检测性能要优于传统的脉冲对检测方法 45.26%。

图 4.21 显示的是在虚警率 $F=0.01$、SNR = 10 dB、样本量 $N=32$ 下的湍流检测性能，通过与脉冲对处理方法对比，其检测性能要优于传统的脉冲对湍流检测方法 47.51%。

图 4.22 和图 4.23 分别是在相同虚警率和样本量、不同信噪比下的新的湍流检测算法与传统脉冲对算法检测概率比较。

图 4.22 和图 4.23 考虑了非相干噪声的影响，图 4.22 和图 4.23 显示了在不同噪声水平下的湍流检测特性。图 4.22 和图 4.23 中，由于非相干噪声的存在，需要增加检测门限，这就导致检测算法效率的降低。

图 4.22 是在 SNR = 10 dB($F=0.1$, $N=16$)下的检测概率特性图，其检测性能要优于传统的脉冲对检测算法 48.92%；图 4.23 是在 SNR = 20 dB($F=0.1$, $N=16$)下的检测概率特性图，其检测性能要优于传统的脉冲对检测算法 55.34%。同时，通过比较在不同信噪比下的检测概率，发现 SNR = 20 dB 下的检测性能要优于 SNR = 10 dB 下的 9.24%。

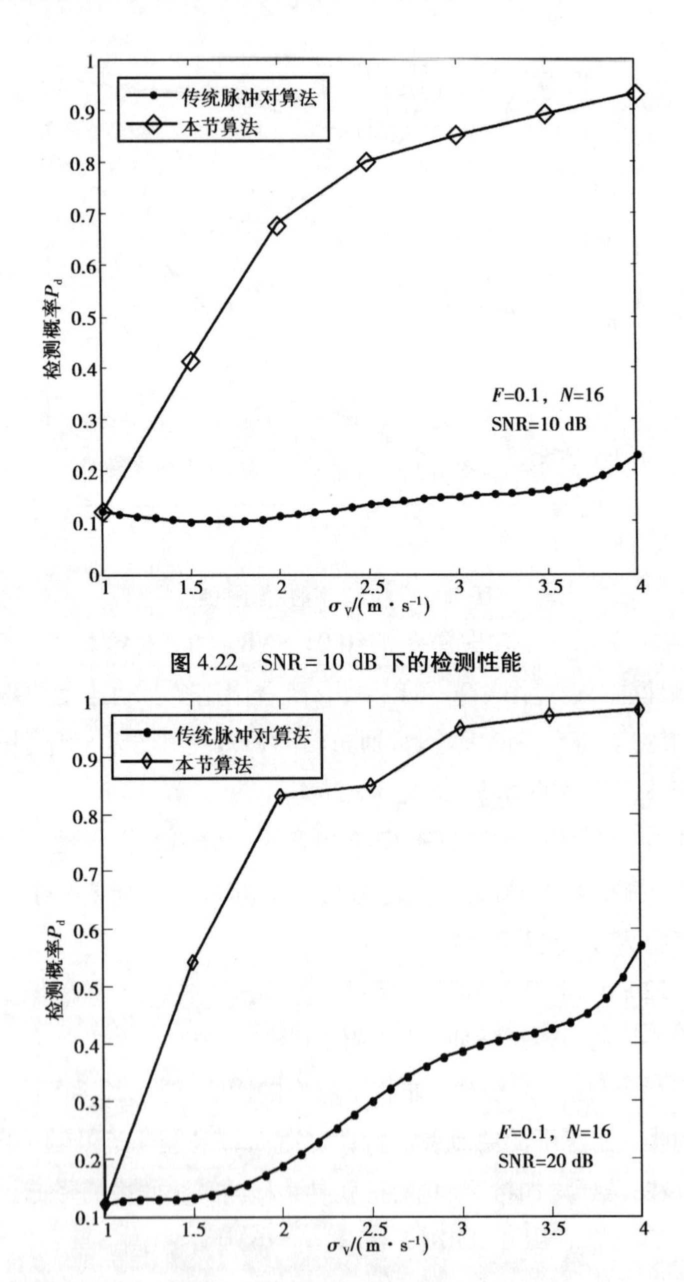

图 4.22　SNR＝10 dB 下的检测性能

图 4.23　SNR＝20 dB 下的检测性能

在低 SNR 下，本节提出的湍流检测算法的性能更加明显。这是因为传统的脉冲对湍流检测算法主要是检测相关因子的减少和非相干噪声，这就意味着为了得到相同的虚警率，其检测门限要相应地增加，这也说明了脉冲对算法为什么在 SNR = 10 dB 或更小的情形下其检测效率会急剧减小。

4.6　本章小结

本章主要研究了湍流回波信号建模与检测算法的若干问题。

首先，分析了湍流尺度和相关系数等特性，重点研究了 Von Karman 和 Dryden 湍流模型，接着仿真分析了湍流径向速度分布和三维谱等特性。

其次，针对湍流特性，建立了一种湍流模型，在特定的风场条件下对湍流模型进行了仿真，用新的湍流信号处理算法对湍流回波信号进行了计算与仿真分析。建立的湍流模型能反映出湍流风场的本质特征，特别适用于湍流对飞行特性的影响。仿真表明，湍流的风速值只在相对较小的数值范围内沿一个方向变化，表现出脉动特性，同时基于 FFT 的湍流信号处理算法能够较好地估计出湍流风场里的风速分布，估计风速与实际风速在没有地杂波的情况下能够较好地吻合。在无地杂波情况下，湍流回波信号的风速与谱宽表现出与理论模型较好的一致性。

再次，结合 Von Karman 模型的成型滤波器函数产生了空间湍流场数据。把湍流尺度和湍流强度引入机载雷达湍流信号处理仿真中，同时，由于湍流尺度和强度是随着飞机飞行高度而变化的，于是把空间距离无因次化。仿真结果显示，有因次情形下的湍流变化规律与无因次情形下的变化规律是相同的，但波动幅度要大于无因次情形，同时湍流场的模型数据具有较好的统计特性，从而使飞机在湍流中的实时模拟更加真实。

最后，分析了传统的脉冲对湍流检测方法，运用 Monte Carlo 方法仿真分析了提出的湍流检测方法性能；并与传统的脉冲对处理方法进行了比较。仿真结果表明，提出的湍流检测方法的检测概率分别在不同的虚警率和信噪比下均大于传统的脉冲对检测方法的检测概率。

第 5 章 气象雷达地杂波建模及抑制算法

5.1 引　言

气象雷达下视工作时,天线波束照射区内地面散射体的回波通过天线主瓣和旁瓣进入接收机,形成地杂波。通过天线主瓣进入雷达的回波称为主瓣杂波,通过天线旁瓣进入的称为旁瓣杂波。当飞机处在起飞或着陆阶段,此时高度很低,地杂波回波功率相当强,则风切变等回波有可能被地杂波淹没。因此,在进行目标检测的处理之前,要完成对地杂波的建模与抑制,以消除或减弱地杂波对气象目标检测的影响。

传统的地杂波模拟方法主要有零记忆非线性变换法(Zero Memory Nonlinearity,ZMNL)和球不变随机过程法(Spherically Invariant Random Process,SIRP)。目前,常用的杂波模型主要有 3 种方式:

①描述杂波散射单元的机理模型,现有比较成功的地杂波模型,但一般只是针对特定的地貌,缺乏通用性。

②描述杂波后向散射系数的概率密度分布模型,如瑞利分布、

对数-正态分布、Weibull 分布及 K 分布。

③描述由试验数据拟合的后向散射系数与频率、极化、俯仰角、环境参数等物理量依赖的关系模型。

传统的地杂波抑制方法主要有主波束上仰、设计低旁瓣天线、采用滤波器、MTI 及 AMTI[183-185] 等方法。

5.2 地杂波功率谱分析

对于普通的脉冲多普勒(Pulse Doppler,PD)雷达而言,它的地杂波功率谱密度函数是在发射信号频率上的单一谱线(经过距离门和窄带滤波后)。在 PD 雷达处于运动的情况下,当该雷达相对地面以速度 V_R 运动时,杂波谱就被这种相对运动速度所展宽,并且多普勒谱的范围处在相应于雷达运动速度的多普勒频率的正边和负边。

5.2.1 地杂波的分类

以机载下视 PD 雷达而言,它的地杂波可分为主瓣杂波、旁瓣杂波和高度线杂波 3 类[139],如图 5.1 所示。

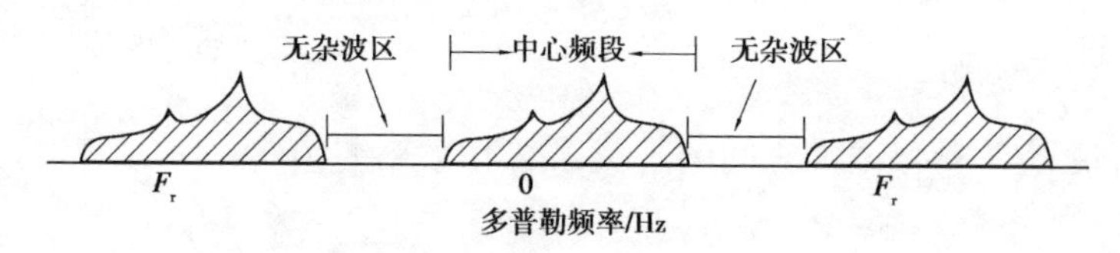

(a)多个周期的地杂波功率谱

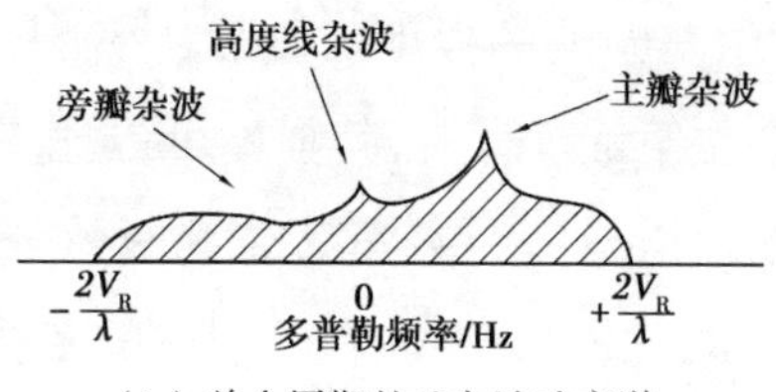

(b)单个周期的地杂波功率谱

图 5.1 机载 PD 雷达地杂波功率谱

（1）**主瓣杂波**

机载下视 PD 雷达天线的主波束，在特定时刻照射地面的某一个区域，在此区域内各同心圆环带地面有着不同仰角。因此，相对雷达载机的运动而言，那些不同的环带地面具有不同的径向速度并分别相应产生杂波，这些地杂波的总和就构成了主瓣杂波[140]。

如图 5.2 所示为机载下视 PD 雷达的典型情况。

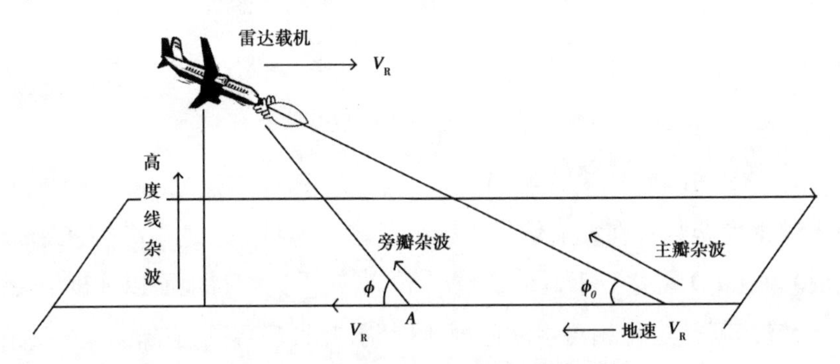

图 5.2　机载 PD 雷达下视情况示意图

图 5.2 中，V_R 为载机运动方向上的速度，ϕ 为地速矢量与地面一小块地杂波 A 之间的夹角，ϕ_0 为地速矢量与主波束方向之间的夹角。假设天线主波束的宽度为 θ_A，则 PD 雷达天线主波束中心位置的多普勒频率为

$$f_d = \frac{2V_R}{\lambda}\cos\phi \tag{5.1}$$

其边沿位置与中心位置之间的最大多普勒频率差值为

$$\Delta f_d = \frac{2V_R}{\lambda}\cos\phi\left(1-\cos\frac{\theta_A}{2}\right) \tag{5.2}$$

机载 PD 雷达的主瓣杂波的强度与发射功率、天线主波束的增益、地物对电磁波的反射能力等因素有关，其强度可以比雷达接收机的噪声强 70~90 dB。由于天线扫描地面时夹角 ϕ 通常处在不断变化的状态并且受 $|\cos\phi|\leqslant 1$ 的限制，因此，主瓣杂波在频域中的多普勒频率 f_d 也处在不断变化的状态，并且变化范围在 $\pm 2V_R/\lambda$ 之内[141-148]。当 PD 雷达使用均匀脉冲串信号时，其谱幅度受到 $\sin x/x$ 函数调制。

（2）**旁瓣杂波**

PD 雷达天线若干个旁瓣波束照射到地面上时产生的回波，就构成了旁瓣杂波。雷达天线的旁瓣波束增益通常要比主波束增益低很多。由于旁瓣杂波的强度也与载机的高度、地物的反射特性、载机的速度、天线的参数等因素有关，因此，旁瓣杂波频谱也可用$\pm 2V_R/\lambda$来描述。当 PD 雷达不运动时，旁瓣杂波与主瓣杂波在频域上相重合；而当 PD 雷达运动时，旁瓣杂波与主瓣杂波就分布在不同的频域。用多普勒频移$f_d=\pm 2V_R/\lambda$来描述机载 PD 雷达的地面杂波时，因为主波束的俯仰角与旁瓣波束的俯仰角是不等值的，所以在频域上的主瓣杂波与旁瓣杂波有所区别[149-150]。此外，在同一时刻主波束与旁瓣波束的俯仰角不相等，会导致接收到的回波存在差异。

（3）**高度线杂波**

高度线杂波是飞机在水平飞行时，天线旁瓣沿垂直方向照射地面的能量的回波。由于距离近，又是镜面反射，因此，回波强度比旁瓣杂波大，在功率谱图上表现为一个零多普勒频率处的尖峰[151-156]。在风切变探测技术中，关心的是飞机前方的回波情况。

当选择雷达发射信号的脉冲重复频率$PRF>4V_R/\lambda$时，其地杂波既不重叠也不连接，从而出现了无杂波区。还与载机速度和发射信号的波长有关。通常，地面固定 PD 雷达选用低脉冲重复频率（Low Pulse Repetition Frequency，LPRF）工作，而机载下视 PD 雷达雷达则可选用包括高脉冲重复频率（High Pulse Repetition Frequency，HPRF）在内的多种工作模式工作，以便在无杂波区检测运动目标。

5.2.2　影响地杂波的主要因素

影响地杂波谱的主要因素如下[157-162]：

（1）**波束驻留时间的影响**

有限观察时间内回波脉冲的个数有限，将会造成回波谱的谱线展宽，每根谱线都成为一个谱瓣，其宽度约为观察时间的倒数。用δ_S表示由于

观察时间有限引起的回波谱谱瓣展宽的偏差均方根值,则

$$\delta_S \propto f_r/n$$

式中,n 是回波脉冲个数,f_r 表示脉冲重复频率。因此,观察时间引起的地杂波功率谱谱瓣的展宽与观察时间成反比。

(2)**地杂波源本身运动的影响**

地杂波源本身运动也会影响杂波谱的形状。引起杂波源运动的主要原因是风,如风吹动植物枝叶的运动会使杂波产生多普勒频率分布,从而展宽杂波谱,由于杂波源运动的随机性,谱线展宽的形状可认为是高斯的。若以δ_v表示杂波源运动的径向速度的均方根值,λ 是雷达波长,则由于地杂波源运动引起的杂波谱展宽的均方根为δ_w为

$$\delta_w = 2\,\delta_v/\lambda$$

由此可以看出,地杂波谱展宽的程度决定于地杂波源本身运动的速度和雷达波长,速度越大或者波长越短,则谱线展宽越多。

(3)**雷达本身运动的影响**

由于雷达安装在运动平台上,则会产生两种影响:一是由于雷达与被照射的地杂波源之间有相对径向速度,会使地杂波回波产生多普勒频移;二是地杂波单元有一定宽度,使得地杂波谱的谱线展宽。谱线展宽的均方根值δ_m为

$$\delta_m \propto V_g \cos\alpha \times \Delta\theta$$

式中,V_g 是雷达运动速度,α 是天线主波束指向方位角,$\Delta\theta$ 是散射单元的尺寸。

由此可以看出,雷达载体本身运动所引起的杂波谱的展宽与载体的运动速度、地杂波单元的尺寸成正比,载体的运动速度越高或者地杂波单元尺寸越大,则谱线展宽越多。

综合上述几种因素,地杂波单元回波谱的形状近似为高斯形,方差为每个单独分量方差之和

$$\delta_c^2 = \delta_s^2 + \delta_w^2 + \delta_m^2$$

通过机载气象多普勒雷达可获得地杂波的 3 种基本信息是:强度、多

普勒径向速度以及速度谱的宽度 σ_v。

多普勒径向速度 V_r 的实际含义是：在抽样体积内，所有粒子的径向速度的平均值。日常使用的多普勒速度值就是这个平均值。在抽样体积中，由于存在风切变、湍流和其他（如地杂波等）原因，粒子的运动和位置是无规则的、随机的，对之进行统计平均，其理论表达式为

$$V_r = \frac{\int_{-\infty}^{+\infty} v\varphi(v)\,\mathrm{d}v}{\int_{-\infty}^{+\infty} \varphi(v)\,\mathrm{d}v} \tag{5.3}$$

式中，$\varphi(v)$ 为功率密度，即在单位速度间隔内的功率。显然，式中的分母 $\int_{-\infty}^{+\infty} \varphi(v)\,\mathrm{d}v$ 即为这个抽样体积内总的回波功率。由此可以看出，V_r 实际上是以功率密度为权重，对抽样体积内所有粒子的径向速度 v 的加权平均值。

考虑到抽样体积内粒子的多普勒速度的不同，它们偏离平均值 V_r 的均方差的理论表达式为

$$\sigma_v^{\ 2} = \frac{\int_{-\infty}^{+\infty} (v - V_r)^2 \varphi(v)\,\mathrm{d}v}{\int_{-\infty}^{+\infty} \varphi(v)\,\mathrm{d}v} \tag{5.4}$$

式(5.4)说明以功率密度为权重，对抽样体积内的 $(v-V_r)^2$ 的加权平均值，实际上反映的是各个粒子偏离平均值 V_r 的平均程度。$\sqrt{\sigma_v^2}$（取正值）即为谱宽。v 偏离 V_r 越大，谱宽值越大；反之，谱宽值越小。

由于风切变对谱宽的较大影响，可用谱宽识别在多普勒速度图上不容易识别的风切变区。例如，对风速性切变，由于切变区的两侧风向相同，使得切变线不易识别。这种情况下，由于在抽样体积中，切变使得各粒子的径向速度差异变大，从而导致在切变区域存在谱宽的大值区，其形状、位置与切变线大致相同。特别在风向性切变的区域中，有时多普勒速度方向相同，切变线不易识别。基于上述理由，切变线附近谱宽值较大，有利于识别。例如，多普勒雷达探测位于雷达西面的西北、西南风的切变

区,多普勒速度为负值,但这时的切变区附近,由于风切变存在,使得谱宽增加,同样存在与切变区位置相同的谱宽大值区。

5.3 地杂波建模与仿真性能分析

5.3.1 地杂波建模

低空风切变探测雷达工作在飞机起飞和着陆阶段,飞机离地面高度很低,一般低于600 m。因此,地杂波信号比较强,要使雷达能在机场环境下实现地杂波抑制就必须对机场地杂波环境进行模拟。

首先建立飞机与地面反射单元的相对坐标位置关系,以飞机接地点为原点,以飞机航迹的投影为 X 轴,如图 5.3 所示。

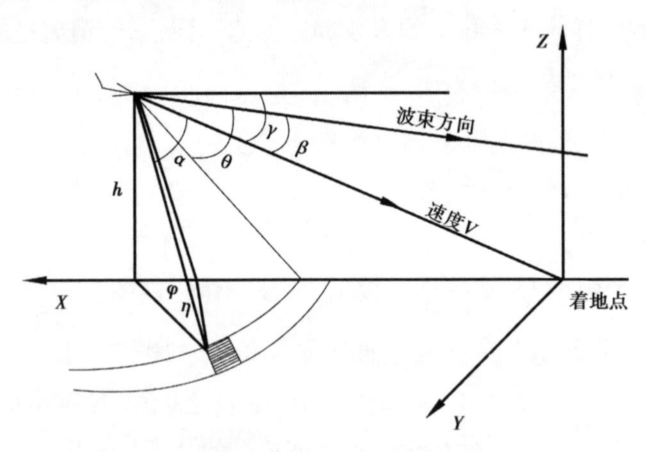

图 5.3 飞机相对位置坐标[34]

主瓣杂波的多普勒频率可通过计算得到。设需要计算第 n 个距离门处的主瓣杂波多普勒频率,飞机高度为 h,速度为 V,下滑角为 γ,距离门宽 Δr,载波波长为 λ。如图 5.3 所示,β 为第 n 个距离门的天线波束指向与飞机航向之间的夹角也称上仰角,f_+ 表示主瓣杂波的多普勒频率,θ,φ 为反射单元所在的雷达视线与天线主波束的俯仰夹角和方位夹角,则

$$\beta = \gamma - \arcsin\left(\frac{h}{n\Delta r}\right) \tag{5.5}$$

$$f_{+} = \frac{2V\cos\beta}{\lambda} \tag{5.6}$$

地杂波回波模拟是以雷达方程为基础的,即

$$P_{\mathrm{r}} = \frac{P_{\mathrm{t}}G^2\lambda^2}{(4\pi)^3R^4} \tag{5.7}$$

式中,P_{r} 为接收机接收到的回波信号功率,G 为天线的增益,λ 为雷达发射波波长,R 为地杂波单元到雷达的距离。

地面上平均单位面积的回波功率为

$$\Delta C = \frac{P_{\mathrm{t}}G^2(\varphi,\theta)\lambda^2\delta^{\circ}(\eta)}{(4\pi)^3R^4} \tag{5.8}$$

式中, R 为反射单元到天线的距离; $G(\varphi,\theta)$ 为天线的方向增益函数,由天线的设计确定; θ , φ 为反射单元所在的雷达视线与天线主波束的俯仰夹角和方位夹角; $\delta^{\circ}(\eta)$ 为反射单元的单位雷达截面积,也称归一化雷达截面积(Normalize Radar Cross Section,NRCS),它由反射单元的材料和粗糙程度以及波束入射角 η 决定。

式(5.8)给出的是地面反射单元的回波功率,若考虑包含相位信息的目标回波,雷达回波信号可表示为

$$u(t) = \sqrt{\Delta C}\exp[\mathrm{j}\psi(t)] \tag{5.9}$$

式中, ΔC 为地面上平均单位面积的回波功率, $\psi(t)$ 为回波信号相位,它为

$$\psi(t) = \frac{2(R - V_t\cos\alpha)\cdot 2\pi}{\lambda} \tag{5.10}$$

式中, α 为飞机速度方向与飞机到地面反射单元连线之间的夹角。

将式(5.8)和式(5.10)代入式(5.9)即可得总的回波形式

$$u(t) = \sqrt{\frac{P_{\mathrm{t}}G^2(\varphi,\theta)\lambda^2\delta^{\circ}(\eta)}{(4\pi)^3R^4}}\cdot\exp\left[\mathrm{j}\,\frac{4\pi(R - V_t\cos\alpha)}{\lambda}\right] \tag{5.11}$$

在雷达回波信号建模过程中,对每个距离门内的杂波,由以下两个式子来计算,即地杂波的同相分量 I 和正交分量 Q 分别为[34,130-133]

$$I(nT_s) = \sum_{i=1}^{N} A_i \cos\left[\bar{\phi}_i + \beta(V_i - V_a)nT_s + \Delta\bar{\phi}\right] + \bar{n}_i(nT_s) \tag{5.12}$$

$$Q(nT_s) = \sum_{i=1}^{N} A_i \sin\left[\bar{\phi}_i + \beta(V_i - V_a)nT_s + \Delta\bar{\phi}\right] + \bar{n}_q(nT_s) \tag{5.13}$$

式中, n 代表第 n 个脉冲; T_s 代表脉冲重复周期; N 为计算第 n 个脉冲的地杂波回波时的积分微元的个数; A_i 为地杂波回波幅度,其中 $i \in [1,N]$; $\bar{\phi}_i$ 为散射体随机相位; $\beta = 2\pi/\lambda$; V_i , V_a 分别为杂波散射微元和飞机沿径向的速度分量; $\Delta\bar{\phi}$ 为发射相位误差; $\bar{n}_i(nT_s)$, $\bar{n}_q(nT_s)$ 分别为接收机噪声。

由于旁瓣和高度线杂波对风切变回波的影响相比主瓣杂波来说很小,因此,本节研究的重点放在主瓣杂波上。地杂波幅度 A_i 由雷达方程和反射单元的单位雷达截面积等参数确定

$$A_i = \sqrt{\sigma_0 \cdot A_s \cdot \xi} \cdot G \tag{5.14}$$

式中, $\xi = \dfrac{P_t \cdot \lambda^2}{(4 \cdot \pi)^3 \cdot R^4 \cdot r_1}$ 为雷达方程常数; r_1 为接收机信号损失; P_t 为发射功率; A_s 为地面散射微元面积; G 为天线增益; σ_0 为反射单元的单位雷达截面积,则

$$\sigma_0 = A \cdot (\theta + C)^B \exp\left[\frac{-D}{1+K}\right] \tag{5.15}$$

式中, A,B,C,D 由反射地面的类型确定[157],具体参数见表 5.1。

表 5.1 反射地面类型对应的常数值

常数	土 地	草 地	高的草	树	城 市	湿地的雪	干地面的雪
A	0.25	0.023	0.006	0.002	2.0	0.025	0.195
B	0.83	1.5	1.5	0.64	1.8	1.7	1.7

续表

常数	土　地	草　地	高的草	树	城　市	湿地的雪	干地面的雪
C	0.001 3	0.012	0.012	0.002	0.015	0.001 6	0.001 6
D	2.3	0.0	0.0	0.0	0.0	0.0	0.0

式(5.15)中，$K = 0.1 \cdot SD/\lambda$，SD 为反射面的标准偏差，这里取0.5，反射类型选择为城市。

地杂波相位主要由飞机的径向速度分量 V_a 确定，这里散射体沿径向速度分量 $V_i = 0$，相位 ψ 为

$$\psi = \bar{\phi}_i - \beta \cdot V_a + \Delta\bar{\phi} \tag{5.16}$$

为了滤除地杂波的方便，一般要去掉飞机的地速，所以最后得出的地杂波的谱都基本位于零频附近。而雨回波去掉地速之后，只有风切变的风速度分量，这样去掉地速，滤掉地杂波之后，可直接得出具体的微暴流风场的位置、微暴流风速等微暴流特征参数。

5.3.2　仿真流程与参数设置

仿真流程以一次方位步进扫描（方位角变化一个步进量）为基本仿真周期（循环）；一个方位的一次扫描完成后，飞机位置根据飞机速度和扫描所需时间进行更新；根据天线扫描方式调整天线的扫描方位角和俯仰角的步进值和范围，调整扫描线；每一个扫描仿真根据实际设定目标参数、地杂波、飞机参数等变化；仿真过程（循环）按方位扫描方式重复进行。

如图5.4所示为地杂波仿真程序流程图，给出了地杂波仿真的具体流程。图5.4中，程序的第一个循环是飞机位置的调整，紧接着内层的循环就是天线俯仰扫描循环，然后是天线方位扫描循环。

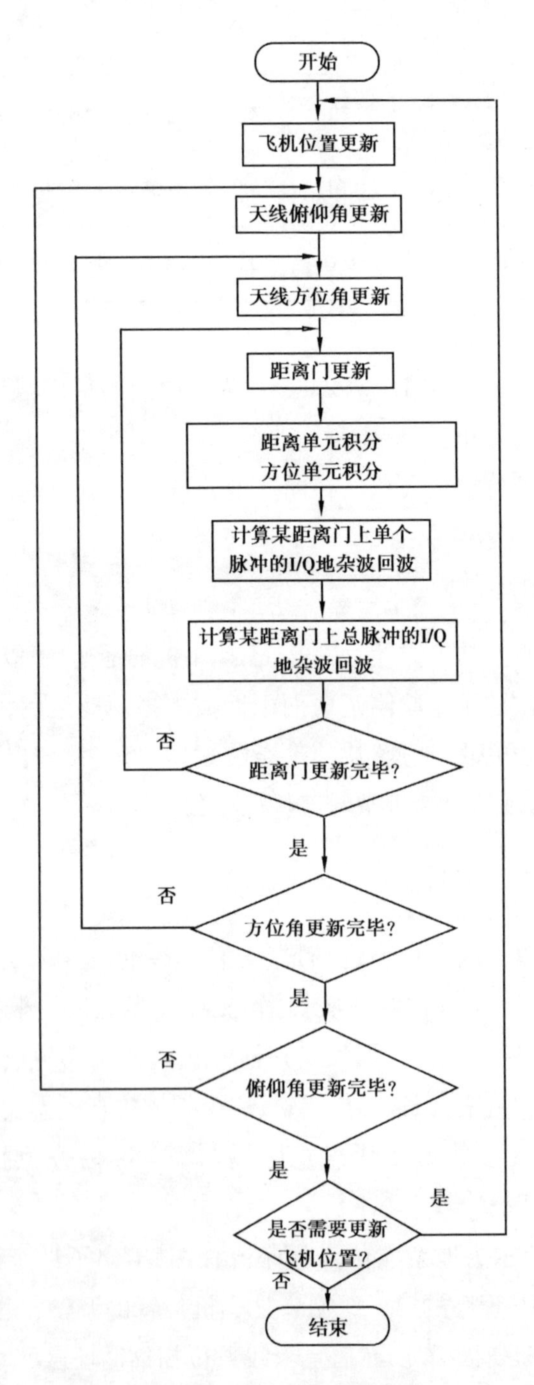

图 5.4　地杂波仿真流程图

其仿真主要参数设置见表 5.2。

表 5.2　主要参数设置

名　称	数值
脉冲重复频率	3 500 Hz
天线 3 dB 波束宽度	2.8°
发射功率	200 W
扫描线的个数	60
积分单元扫描方位增量	0.3°
积分单元扫描俯仰增量	0.2°
每个扫描线内的脉冲数	128
方位扫描中心	0°
飞机下滑角	-3°
距离门数	50

5.3.3　仿真结果及分析

假定天线的扫描方位角的范围为-30°~30°,方位扫描从方位角-30°开始,方位扫描范围分为 60 根扫描线,每根扫描线宽度为 1°,每根扫描线根据距离进行划分,划分为 50 个距离门,每个距离门150 m,起始距离门为1 km。

天线的初始俯仰角为-2°、方位角为 1°时,飞机高度为285 m时,仿真得到的第 30 根扫描线上的地杂波回波多普勒谱如图 5.7 所示。

由于仿真中去除了飞机地速影响,因此,地杂波速度谱主要集中在零多普勒速度附近,这点可以从图 5.5(c)中看出。另外,由于选取初始雷达距离1 000 m>285 m,所以图中不存在高度线杂波,主要是主瓣杂波的速度谱。

由图 5.5(b)可知,位于飞机纵向 20 个距离门处即4 000 m处杂波幅度开始变大。由计算可知,地杂波幅度开始增大处对应的天线波束距主瓣中心的宽度为 $\arcsin(h/n\Delta r)-3+(\gamma-\beta)=\arcsin(285/4\ 000)-3+1=2.47°$。由天线模型可知,该角度位于天线主瓣内,即天线主瓣打在 4 000(1 000+20×150)m 左右,地杂波幅度迅速变大,这与天线特性基本一致。

设置天线的初始俯仰角为-1°、方位角为 2°,飞机高度为285 m时,仿真得到的第 30 根扫描线上的地杂波回波多普勒谱如图 5.6 所示。

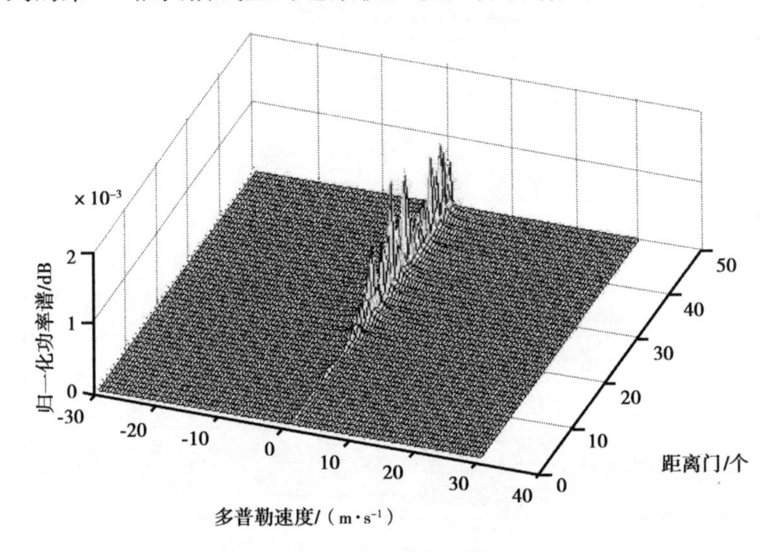

(a)多普勒谱三维图

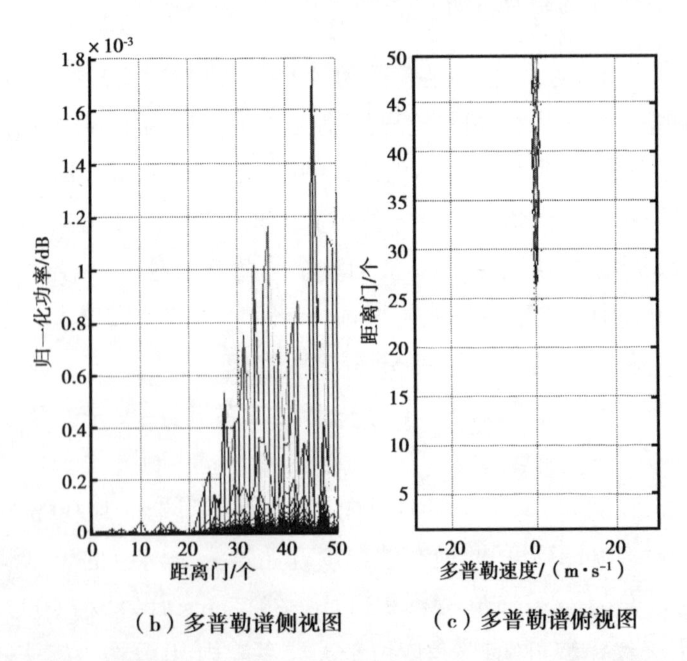

(b)多普勒谱侧视图　　(c)多普勒谱俯视图

图 5.5　地杂波多普勒谱的分布(初始俯仰角-2°,方位角为 1°)

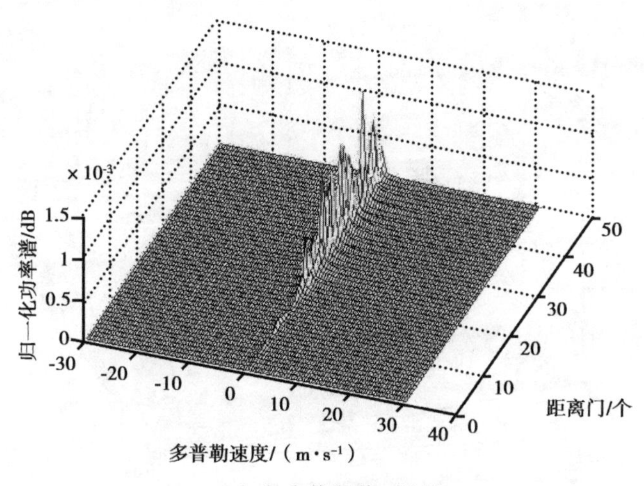

（a）多普勒谱三维图

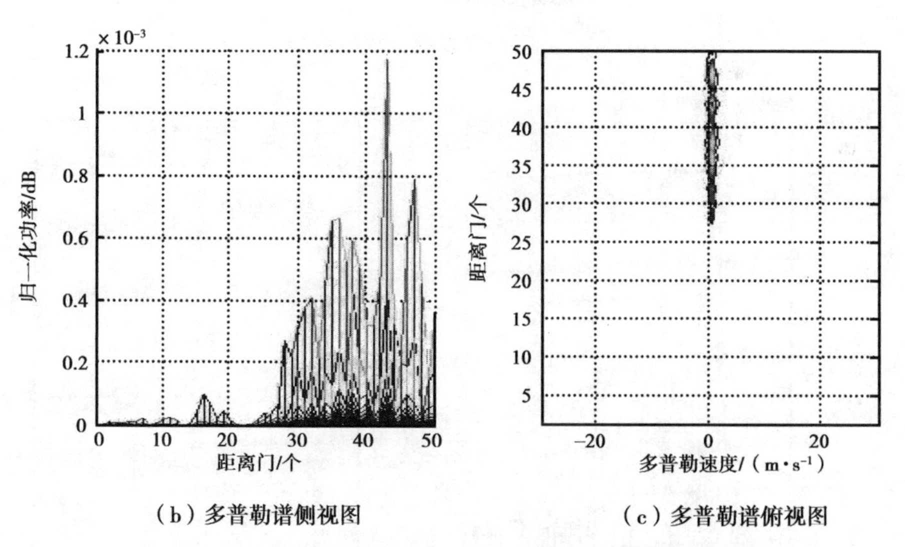

（b）多普勒谱侧视图　　（c）多普勒谱俯视图

图 5.6　地杂波多普勒谱的分布(初始俯仰角-1°,方位角为 2°)

天线的初始俯仰角为-2°、方位角为 1°,飞机高度为185 m时,仿真得到的第 30 根扫描线上的地杂波回波多普勒谱如图 5.7 所示。

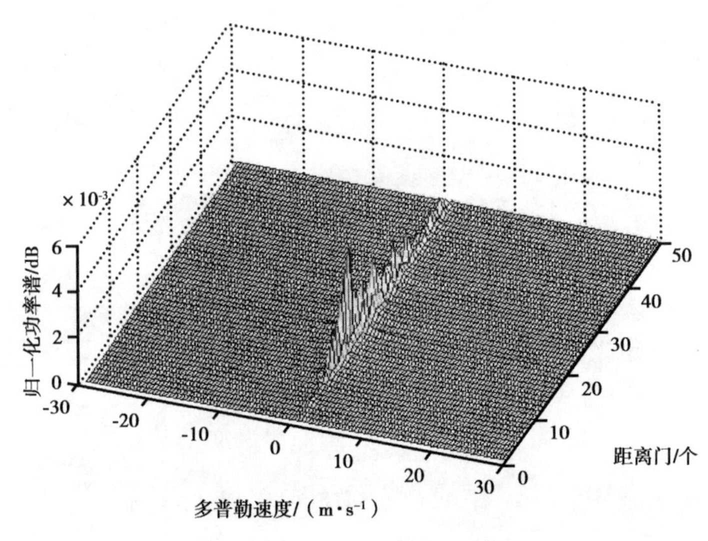

（a）多普勒谱三维图

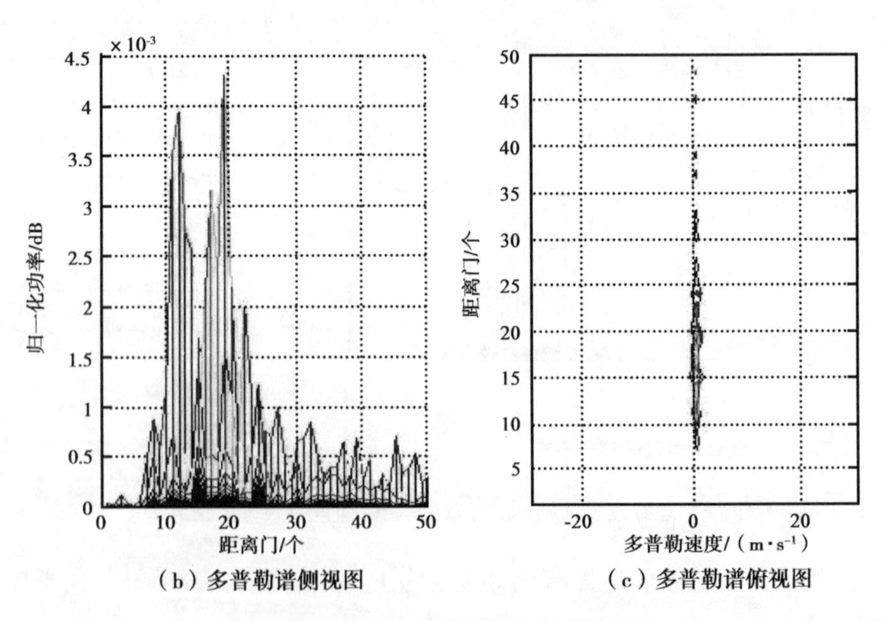

（b）多普勒谱侧视图

（c）多普勒谱俯视图

图 5.7　地杂波多普勒谱的分布

由图 5.6 可知，与图 5.5 一致，此图中地杂波速度谱也主要集中在零多普勒速度附近，这点可从图 5.6(c)中看出；由图 5.6(b)可知，位于飞机纵向 26 个距离门处即4 900 m处杂波幅度迅速变大。由计算可知，杂波幅度开始增大处对应的天线波束距主瓣中心的宽度为 $\arcsin(h/n\Delta r)-3+(\gamma-\beta)=\arcsin(285/4\,900)-3+2=2.59°$。由天线模型可知，该角度位于天线主瓣内，即天线主瓣打在4 900 m左右，地杂波幅度迅速变大，这与天线特性基本一致。而且图 5.6 与图 5.5 相比，图 5.6 中的地杂波幅度较小，即天线上仰角越大，地杂波回波幅度越小。图 5.5 中飞机高度要大于图 5.7 中的飞机高度。通过图 5.5 与图 5.7 相比，图 5.7 中的地杂波幅度较小，即飞机高度越低，地杂波回波越大。由图 5.5—图 5.7 可知，本节中地杂波的仿真方法符合地杂波的特征。

5.4　地杂波抑制算法

气象雷达由于载机的运动和天线的扫描，使主波束频率在一个频率范围内变化。因此，与地面雷达不同，在抑制主瓣杂波之前必须对主瓣地杂波频率进行跟踪将其移至零多普勒频率后再进行滤波。

目前常用地杂波抑制技术主要有以下 5 种：

(1)主波束上仰

飞机以某下滑角(如$-3°$)着陆下滑，主波束搭地可产生较强的主瓣地杂波。此时，可使天线主波束指向比机头下滑方向上仰(如 $1°\sim2°$)，形成距离截断，可有效抑制主瓣地杂波。但由于距离衰减较大，实际上可减弱数十分贝的杂波功率。

(2)设计低旁瓣天线

由于旁瓣杂波分布的频率范围很宽，至今为止，尚无任何一种有效的机载雷达体制能完全有效滤除旁瓣杂波，只能减弱旁瓣杂波的影响。因此，降低旁瓣杂波的有效方法是降低天线旁瓣电平，特别是俯仰方向指向下方的旁瓣电平。

(3)**限制探测距离**

较低的杂信比(Clutter to Signal Ratio,CSR)发生在飞机前下方近距离内。在这段距离范围内,天线主瓣波束尚未搭地,杂波主要从天线旁瓣进来。采用时域波门将接收机回波信号距离限制在10 km的近距离范围内,从时域上滤掉主瓣杂波。

(4)**单元到单元的自动增益控制**(Automatic Gain Control,AGC)

地杂波随距离单元的变化是很大的。为了保持接收机的大动态范围和不饱和,每个距离单元都要计算同相和正交支路信号的脉冲序列,同时要通过 AGC 调节放大量,以实现调整不同距离单元的系统增益。为了在近场着陆时,从强地杂波中分出微弱的风切变回波信号,需要提取多普勒频率f_d。接收机除了必须具备大动态跟踪范围,还必须保证单元到单元 AGC 的检波器工作在线性区域。单元到单元 AGC 的方法,可使接收机 AGC 达到最佳值,在有杂波的情况下,得到最佳的信噪比。

(5)**采用滤波器抑制地杂波**

通常最主要的地杂波谱能量集中在0~3 m/s,采用高通滤波器可有效地降低地杂波25 dB以上。激烈的微下击暴流风切变多普勒速度谱主要在5~30 m/s。因此,这种地杂波滤波器对风切变谱影响不大。

5.4.1 传统地杂波抑制方法

(1)MTI **方法**

传统的地杂波抑制方法主要有动目标显示(Moving Target Indicator,MTI)和自适应动目标显示(Adaptive Moving Target Indicator,AMTI)滤波方法。

常见的 MTI 滤波器是一种 n 次相消器,它的基本实现是通过一定的延迟手段(模拟的延迟线或数字信号存储部件等)使 n 个连续回波脉冲信号延迟加权相加[180-182]。它又分为非递归型和递归型两种。非递归滤波器的频率响应较差，要获得较好的响应就必须增加足够多的延迟部件和处理更多的脉冲信号，带来的缺陷是滤波器的组成复杂和处理快速运动目标能力不足。

n 次相消器的缺点：只能抑制固定地杂波（低频端），无法抑制运动地杂波。为了克服这个不足，又提出了抑制运动地杂波滤波器，使滤波器频率响应特性的“凹口”对准杂波的平均多普勒频率，达到抑制运动杂波的目的。其主要缺点是当背景环境中存在分布在频谱的多个不相邻位置的运动杂波时，滤波器的权值调整将会变得非常麻烦，并且滤波器的结构复杂度也会迅速增加。

一次 MTI 相消器的频率响应为

$$H_1(z) = 1 - z^{-1} \tag{5.17}$$

二次 MTI 相消器的频率响应为

$$H_2(z) = 1 - 2z^{-1} + z^{-2} \tag{5.18}$$

一次相消器和二次相消器的结构框图分别如图 5.8 和图 5.9 所示。

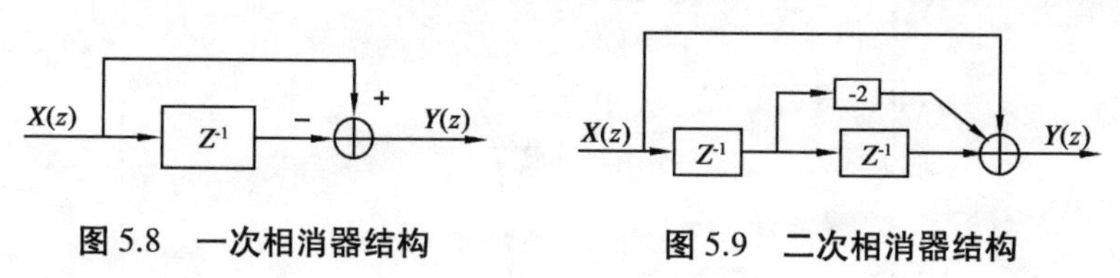

图 5.8　一次相消器结构　　　图 5.9　二次相消器结构

一次相消器的幅度多普勒速度特性如图 5.10 所示。由图 5.10 可知，其通带临界速度约为15.027 1 m/s，阻带临界速度设为3 m/s，因此，其过渡带宽度约为12 m/s。二次相消器的幅度多普勒速度响应如图 5.11 所示。由图 5.11 可知，其通带临界速度约为19.103 m/s，若阻带临界速度设为3 m/s，因此，其过渡带宽度约为16 m/s。由上述可知，一次相消器和二次相消器的过渡带均太缓，因此，若使用其滤除地杂波，易造成气象目标回波损失，且二次相消器将对10 m/s内的回波衰减更大。

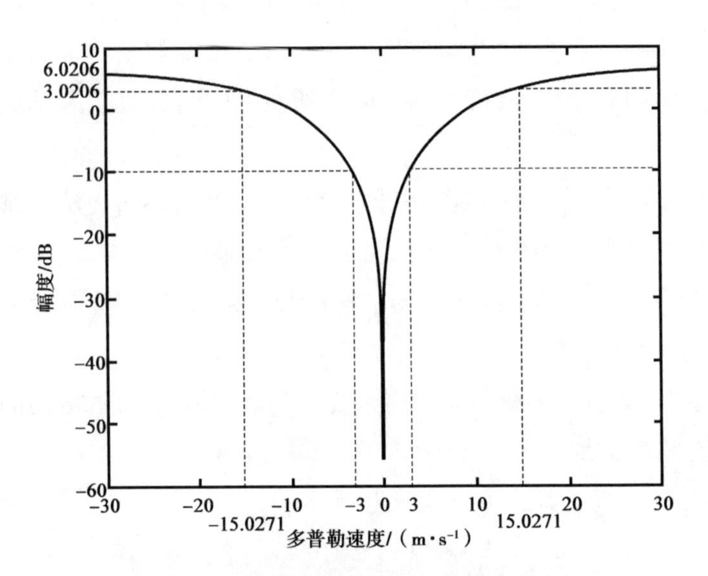

图 5.10　一次相消器的幅度-多普勒速度响应

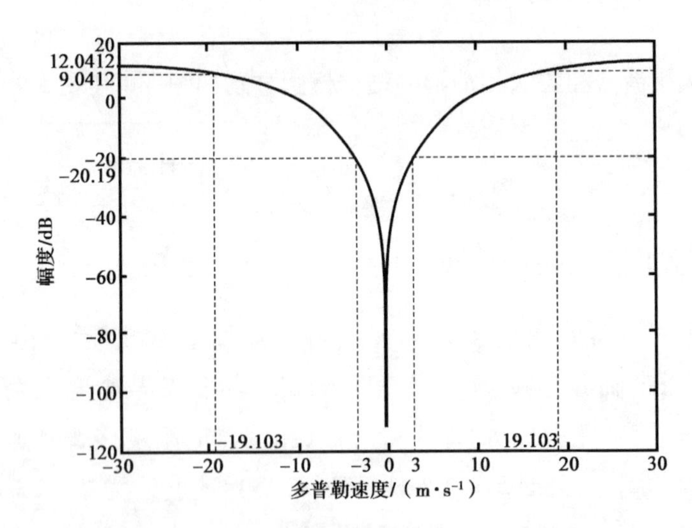

图 5.11　二次相消器的幅度-多普勒速度响应

经过一次 MTI 相消器滤波后雷达回波信号的多普勒谱三维图和二维俯视图分别如图 5.12(a)、(b)所示；图 5.12(c)给出了地杂波和雨回波均较强的距离门范围(20~38 个距离门)内的滤波前、后的信杂比对比；滤波后雷达回波信号的风速估值与雨回波风速估值的对比如图 5.12(d)所示。

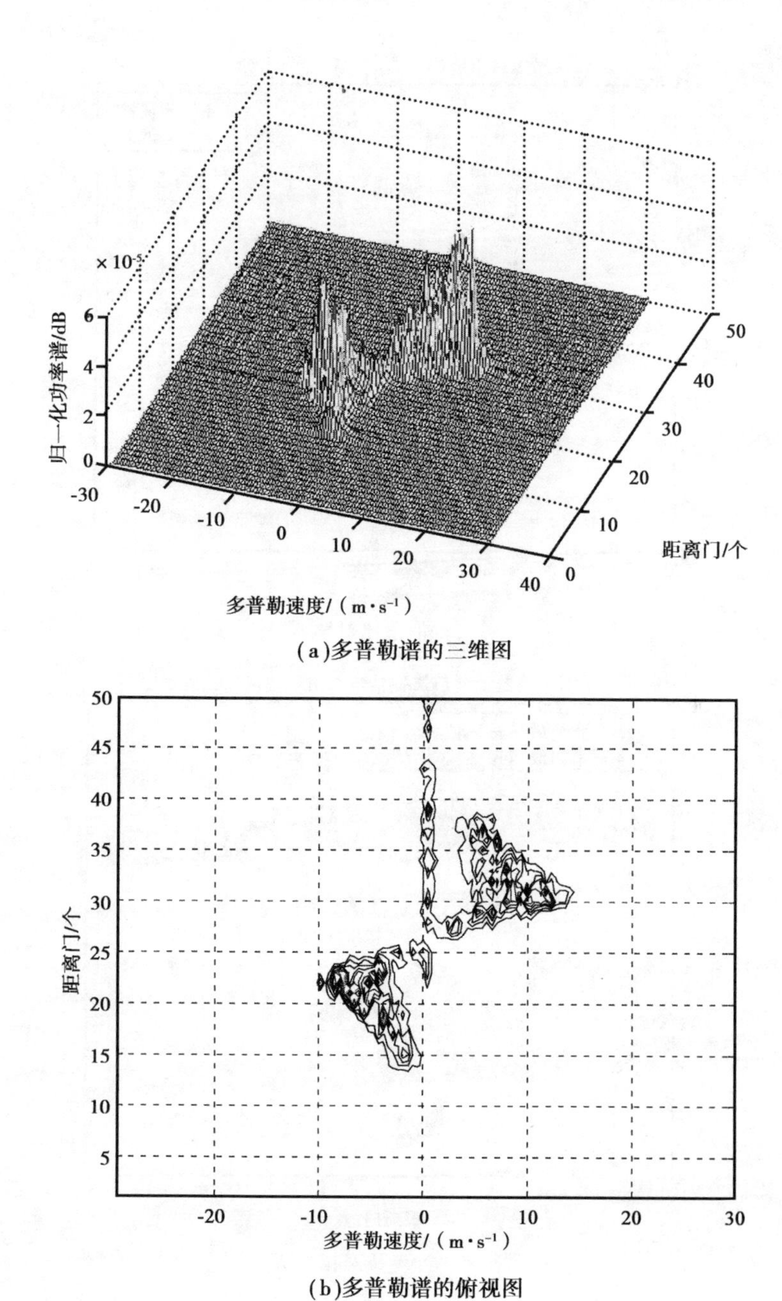

(a)多普勒谱的三维图

(b)多普勒谱的俯视图

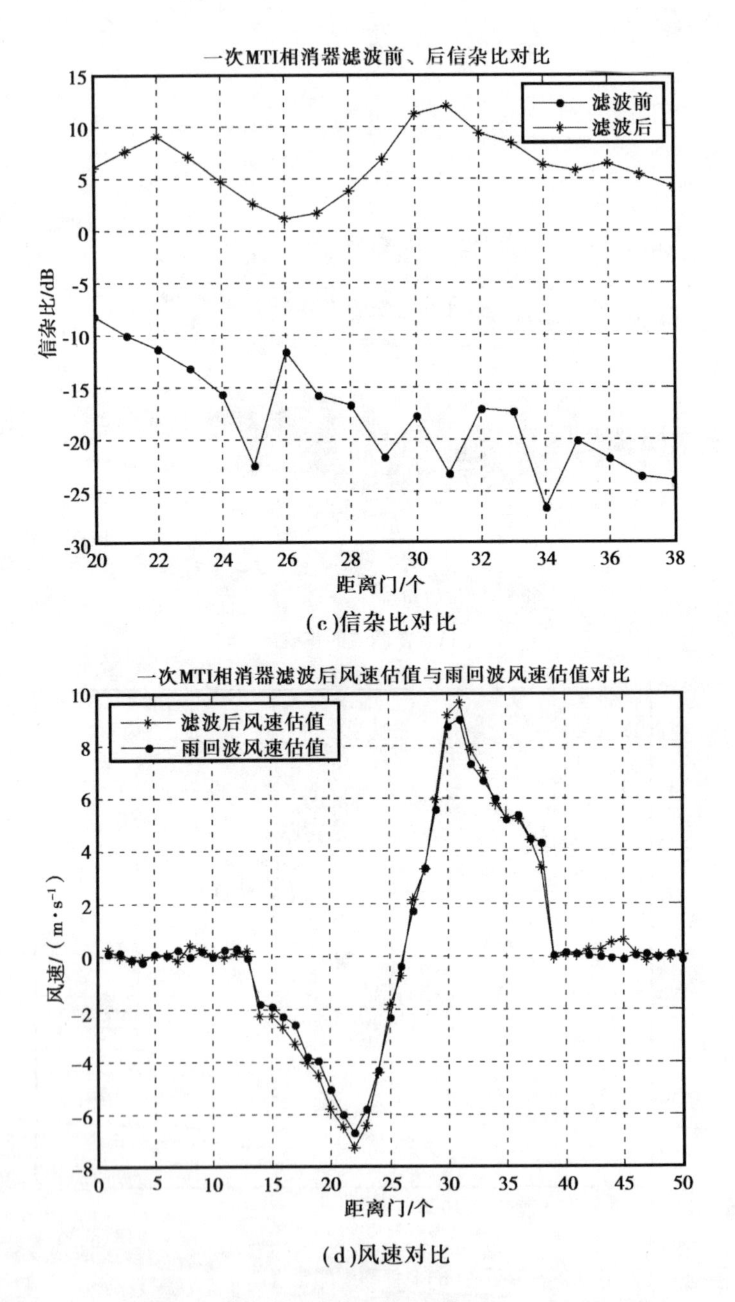

(c)信杂比对比

(d)风速对比

图 5.12　一次相消器滤波后雷达信号的多普勒谱、信杂比对比及风速对比

图5.12(a)、(b)分别给出了滤波后雷达回波信号的多普勒谱三维图和二维俯视图，由其可以清楚看出在距离门22~30发生了较强的风切变；第25~50个距离门处仍存在较强的零多普勒速度地杂波，这是由于在该距离门范围内，滤波前雷达回波信号中的地杂波较强，而一次相消器的阻带衰减较小，使得杂波未滤除干净；在1~24个距离门处，由于滤波前杂波在该范围内的强度较小，因此经过滤波后，该距离范围内的地杂波几乎被完全滤除；且零多普勒速度附近的雨回波和地杂波一起得到了抑制，但由于该相消器的阻带衰减较小，雨回波的衰减程度也较小，又由于该相消器的过渡带较宽，因此较宽多普勒速度范围的雨回波被抑制。

由图5.12(c)可知，在地杂波和雨回波均较强的距离门范围(20~38个距离门)内，滤波后的雷达回波信号的信杂比与滤波前相比提高14~36 dB。

由图5.12(d)可知，经过一次MTI相消器滤波后雷达回波信号的风速估值与雨回波风速估值接近。

经过二次MTI相消器滤波后雷达回波信号的多普勒谱三维图和二维俯视图如图5.13(a)、(b)所示；图5.13(c)给出了地杂波和雨回波均较强的距离门范围(20~38个距离门)内的滤波前、后的信杂比对比；滤波后雷达回波信号的风速估值与雨回波风速估值的对比如图5.13(d)所示。

图5.13(a)、(b)分别给出了滤波后雷达回波信号的多普勒谱三维图和二维俯视图，由其可以清楚看出在距离门22~30发生了较强的风切变；从图5.13(b)可以看出，经过二次MTI相消器，地杂波大部分被滤除，同时雨回波也得到明显抑制，这是由滤波器阶数越高阻带衰减越大且二次相消器的过渡带较宽导致的，这与上面对二次相消器的分析一致。

由图5.13(c)可知，在地杂波和雨回波均较强的距离门范围(20~38个距离门)内，滤波后的雷达回波信号的信杂比与滤波前相比提高12~33 dB。

由图5.13(d)可知，经过二次MTI相消器滤波后雷达回波信号的风速估值与雨回波风速估值相接近，但其接近程度小于一次 MTI 相消器滤波后的雷达回波信号的风速估值与雨回波风速估值的接近程度。

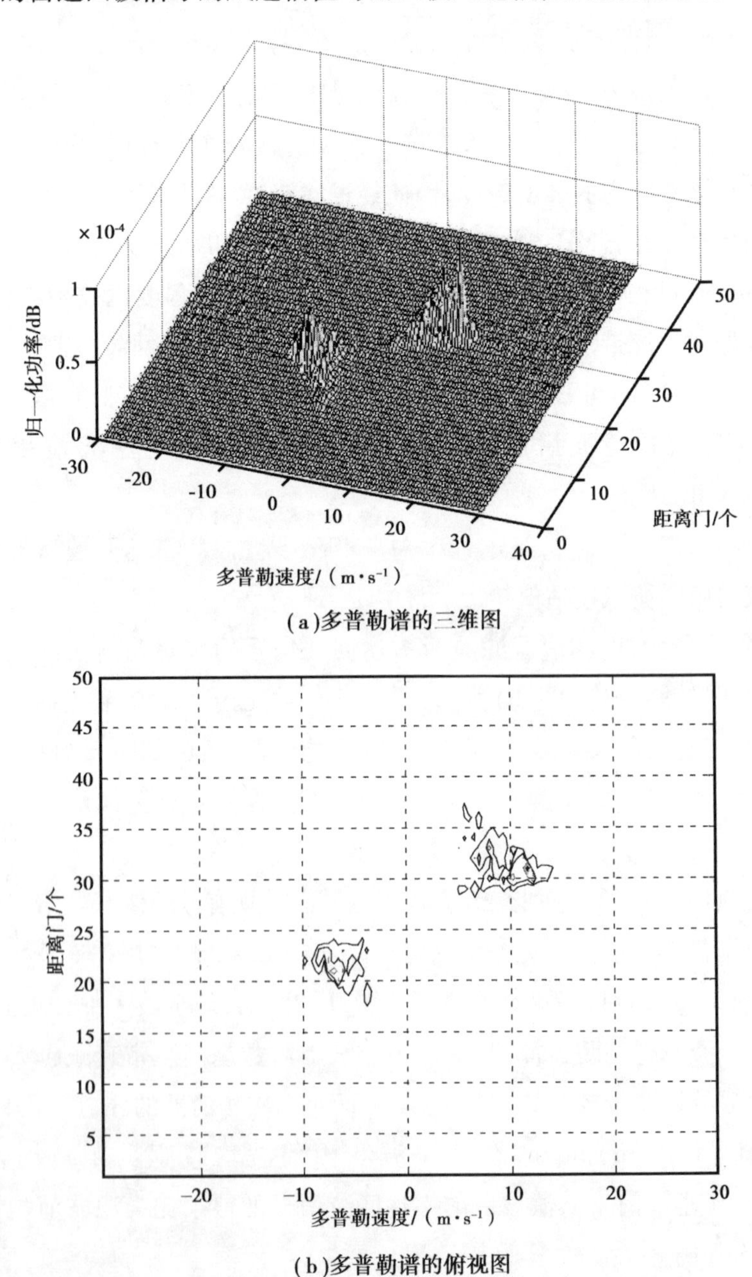

(a)多普勒谱的三维图

(b)多普勒谱的俯视图

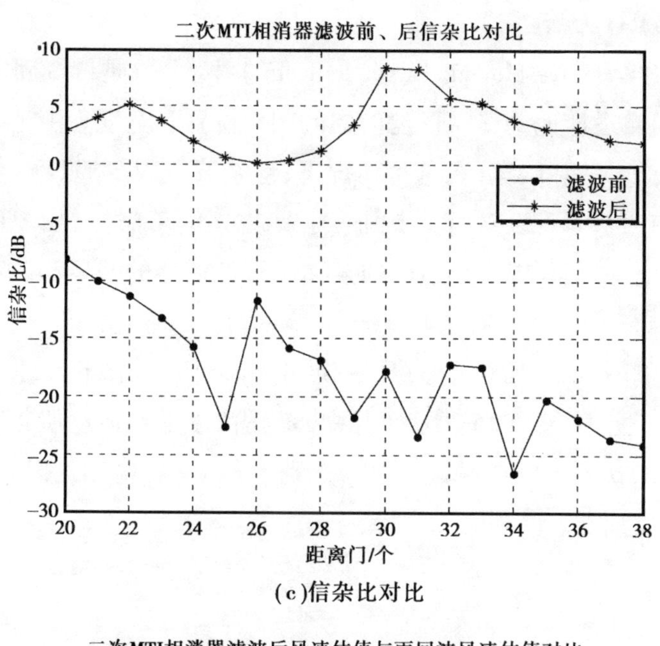

(c)信杂比对比

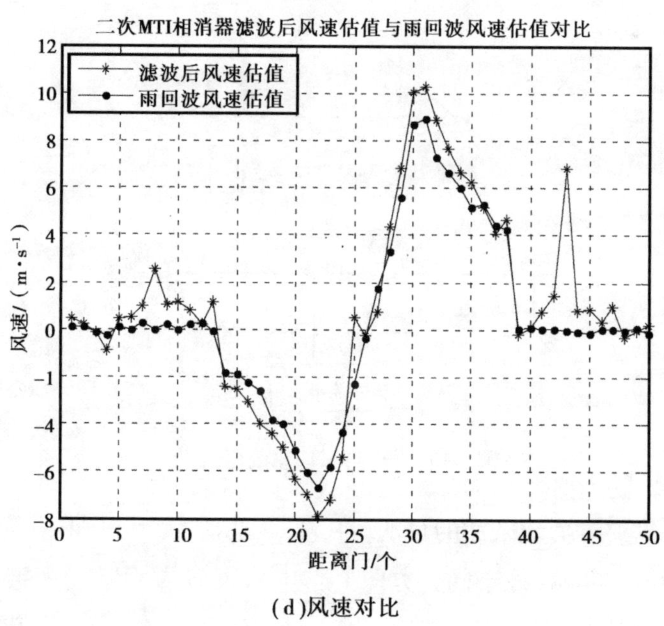

(d)风速对比

图5.13　二次相消器滤波后雷达信号的多普勒谱、信杂比对比及风速对比

(2)AMTI 方法

AMTI(Adaptive Moving Target Indicator)技术[182]是传统固定 MTI 的改进,它可自适应地调整 MTI 滤波器的凹口位置和宽度。由于平台的运动使杂波谱平移和展宽,在这种情况下,地杂波经固定 MTI 后仍会余留一部分,有时甚至难以对消。余留的地杂波并不能通过增加 MTI 的级数来大幅度消除,而只能靠自适应的偏移 MTI 滤波器的凹口和改变凹口宽度来实现。

可用如图 5.14 所示的矢量图说明一阶 AMTI 的工作原理。一阶 AMTI 系统框图如图 5.15 所示。其中, ϕ 是由于平台运动所带来的相位超前 $\phi = 2\pi f_d T_r$, $X(t)$, $X(t - T_r)$ 分别为 t , $t - T_r$ 时刻的回波, T_r 是雷达脉冲重复周期。

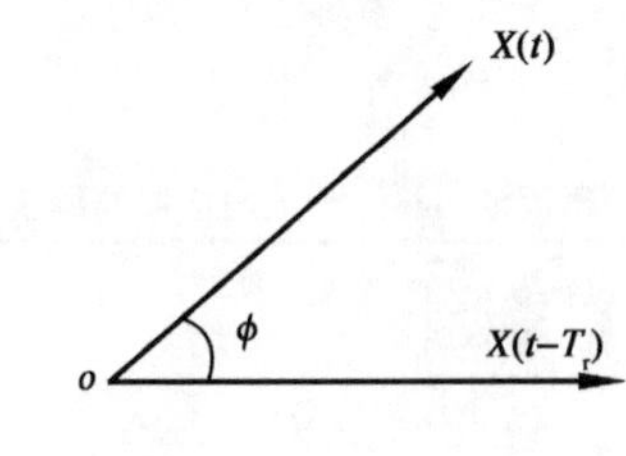

图 5.14　AMTI 矢量图[53]

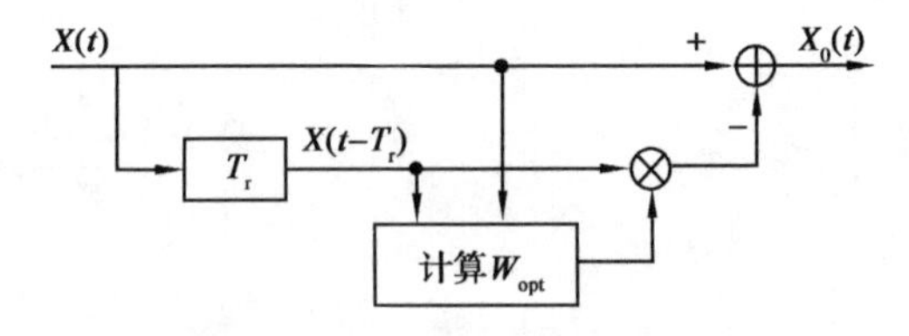

图 5.15　一阶 AMTI 系统框图[53]

为了达到对消地杂波的目的,将 $X(t - T_r)$ 乘以因子 $W_{opt} = re^{j\phi}$,这样 $X(t)$, $X(t - T_r)$ 就处于同一方向上,消除了由于平台运动而带来的相位变化,可以直接进行对消。若用 $X[n]$ 代替 $X(t)$, $X[n - 1]$ 代替 $X(t - T_r)$,由图 5.15 可得输出 $X_0[n]$ 为

$$X_0[n] = X[n] - W_{\text{opt}} \times X[n-1] \tag{5.19}$$

其传输函数为

$$H(\mathrm{j}w) = 1 - W_{\text{opt}}\mathrm{e}^{-\mathrm{j}wT_r} \tag{5.20}$$

将 $W_{\text{opt}} = r\mathrm{e}^{\mathrm{j}\phi}$ 代入式(5.20),则有

$$H(\mathrm{j}w) = 1 - r\mathrm{e}^{-\mathrm{j}(wT_r - \phi)} \tag{5.21}$$

可见,该系统在 $f = (\phi/2\pi) \times f_r + nf_r$ (n 为整数)处有凹口,达到了移动滤波器凹口的目的。权的模 r 决定滤波器凹口的宽度,随着 r 的增大,凹口变窄。

滤波器凹口移动位置和凹口宽度变化取决于权 W_{opt} 。在机载雷达系统下视扫描方式时,地杂波相当强,因此只要保证滤波器输出功率最小,就能最大程度的抑制地杂波,所以采用最小输出功率准则确定 W_{opt} ,可推导出 W_{opt} 为[53,182]

$$W_{\text{opt}} = \frac{\mathrm{E}[X(n)X^*(n-1)]}{\mathrm{E}[|X(n-1)|^2]} \tag{5.22}$$

实际应用中,自适应权值 W_{opt} 可近似计算为[53]

$$W_{\text{opt}} = \frac{\sum_{i=1}^{M} X_1(i)X_2^*(i)}{\sum_{i=1}^{M} X_2(i)X_2^*(i)} \tag{5.23}$$

式中, X_1 为 $X[n]$ 所组成的矢量, X_2 为 $X[n-1]$ 所组成的矢量。

对回波中所包含的运动目标信息 $S(n)$,由于它所对应的多普勒频移与大面积杂波的多普勒频移 $\overline{f_d}$ 存在着差别,所以 $S(n)$ 与 $W_{\text{opt}} \times S(n-1)$ 在方向上不重合,故 AMTI 技术能消除地杂波,保留运动目标信息。要想获得更优的性能,可采用高阶 AMTI。

利用 AMTI 方法抑制地杂波后雷达信号的多普勒谱、滤波前后信杂比对比及滤波后风速估值与雨回波风速估值的对比如图 5.16 所示。

利用 AMTI 方法抑制地杂波后雷达回波信号的多普勒谱如图 5.16 (a)、(b)所示;图 5.16 (c)给出了地杂波和雨回波均较强的距离门范围

(20~38 个距离门)内的滤波前、后的信杂比对比;滤波后雷达回波信号的风速估值与雨回波风速估值的对比如图 5.16 (d)所示。

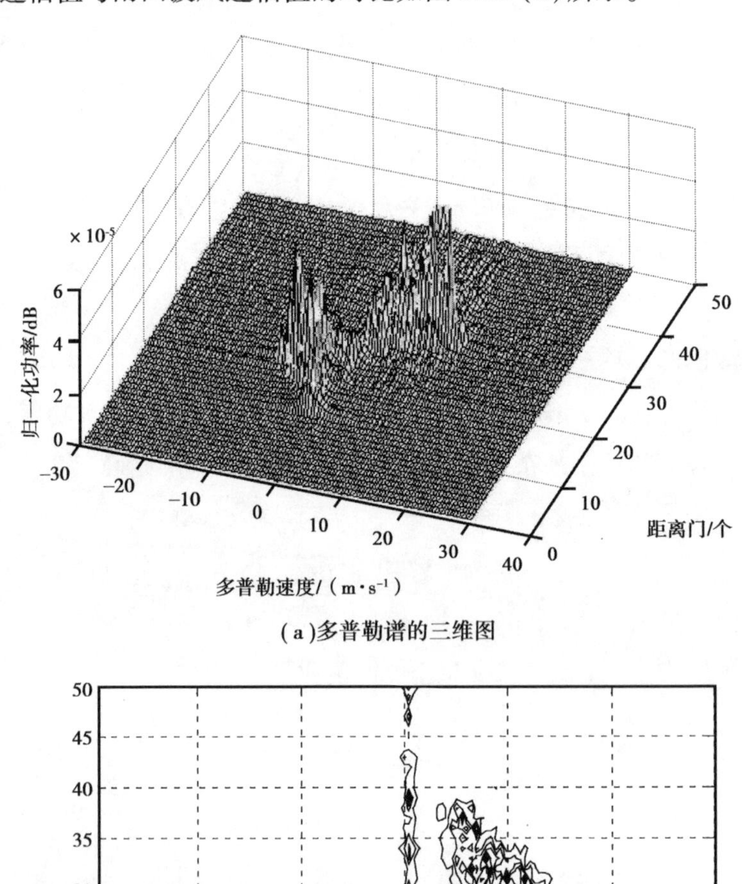

(a)多普勒谱的三维图

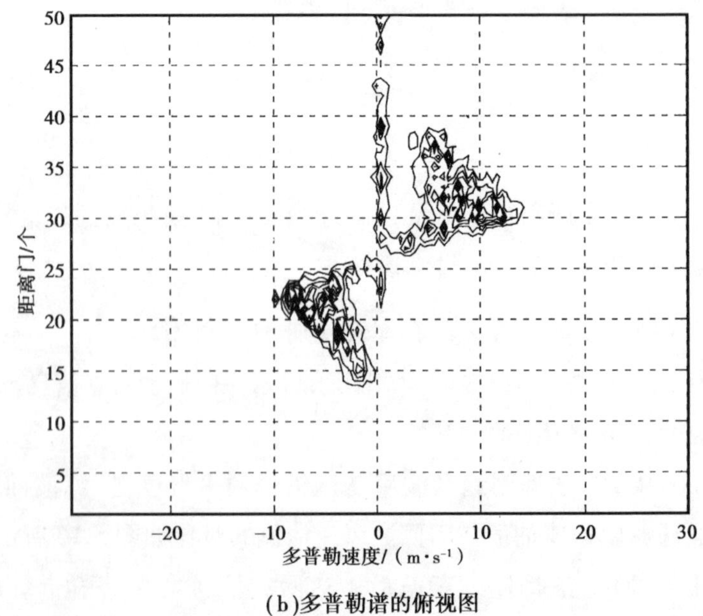

(b)多普勒谱的俯视图

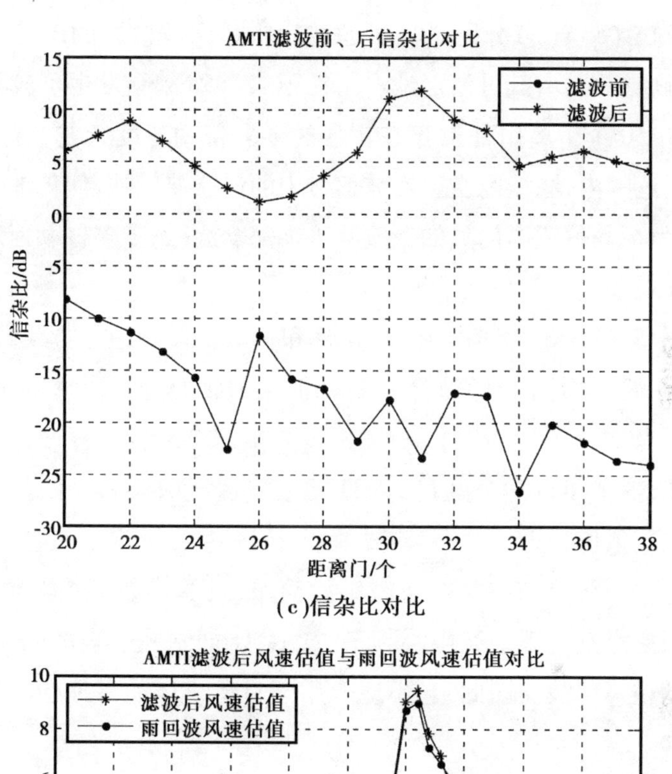

(c)信杂比对比

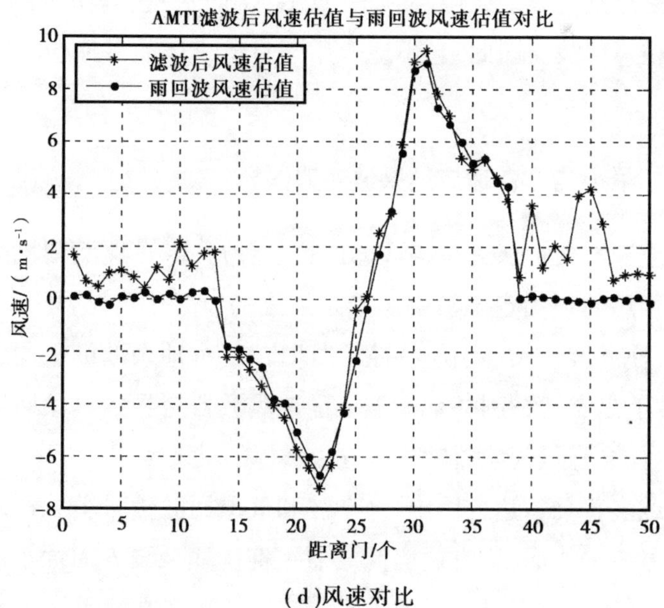

(d)风速对比

图 5.16　AMTI 滤波后雷达信号的多普勒谱、信杂比对比及风速对比

图 5.16 (a)、(b)分别给出了滤波后雷达回波信号的多普勒谱三维图和二维俯视图,由其可清楚地看出在距离门 22~30 发生了较强的风切变;第 25~50 个距离门处仍存在较强的零多普勒速度杂波,这是由于在该距离门范围内,滤波前雷达回波信号中的地杂波较强,使得地杂波未滤除干净;而在其他距离门处的杂波几乎被完全滤除;零多普勒速度附近的雨回波和地杂波一起得到了抑制。

由图 5.16 (c)可知,在地杂波和雨回波均较强的距离门范围(20~38 个距离门)内,滤波后雷达回波信号的信杂比与滤波前相比提高13~36 dB。

由图 5.16 (d)可知,经过 AMTI 滤波后雷达回波信号的风速估值与雨回波风速估值接近。

由上述分析可知,AMTI 系统结构简单,运算不复杂,但当运动目标多普勒频率靠近主瓣杂波中心频率时,AMTI 抑制地杂波的同时,也强烈抑制运动目标回波。因此,它不适合用于对低速运动目标检测有特殊要求的场合。

5.4.2 最小均方自适应地杂波对消器

自适应滤波器被认为是陷波器的另一种形式,在地面和机载雷达系统中经常使用的是固定陷波器。必须适度的设置这个陷波器“凹口”位置与宽度,使滤波器频率响应特性的“凹口”对准地杂波的平均多普勒频率,以保证能足够地抑制掉地杂波。固定陷波器会导致气象回波信号被对消掉,这样会降低气象雷达检测气象目标的灵敏度。

在机载多普勒雷达应用中,地杂波和气象回波信号被看作两种互不相关的信号。一般而言,自适应滤波器在抑制地杂波方面优于固定陷波器,因为自适应滤波器可以跟踪主瓣杂波的多普勒频率,还具有消除离散杂波的能力。这些都是固定陷波器所没有的优点。

本节中采用的自适应滤波器是基于最小均方(Least Mean Square, LMS)算法的自适应噪声对消器(Adaptive Noise Cancellation, ANC)的原理。LMS 算法是一种以期望响应和滤波器输出信号之间误差的均方值最小为准则的,依据输入信号在迭代过程中估计梯度矢量,并更新权系数以达到最优的自适应迭代算法。LMS 算法是一种梯度最速下降算法,其显著特点和优点是它的简单性。

LMS 算法是一种线性自适应滤波算法。一般来说,LMS 算法包括两个基本过程[166-170]:一个是滤波过程,另一个是自适应过程。在滤波过程中,自适应滤波器计算其对输入的响应,并且通过与期望响应比较,得到估计的误差信号。在自适应过程中,系统通过估计误差自动调整滤波器自身的参数。这两个过程共同组成一个反馈环。自适应噪声对消器的原理框图如图 5.17 所示。其中,$\boldsymbol{H}_{\mathrm{n}}$ 为 n 时刻的滤波器权矢量,$\boldsymbol{X}_{\mathrm{n}}$ 为输入信号矢量,d_n 为期望响应,y_n 为 $\boldsymbol{X}_{\mathrm{n}}$ 经过滤波器的输出信号,e_n 为误差信号,也是系统输出信号。采用 LMS 控制算法,使误差均方值最小,从而使系统的输出噪声功率最小,输出信噪比最大。

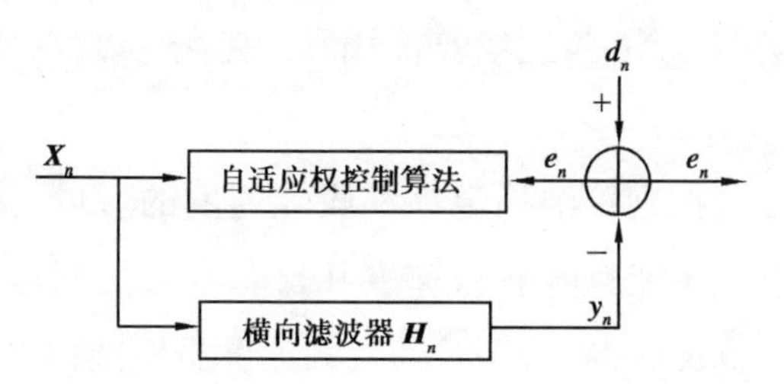

图 5.17　自适应噪声对消器(ANC)原理框图

在气象雷达消除地杂波的应用中,自适应噪声对消器(ANC)的典型结构如图 5.18 所示。其中,d_n 为期望输入,可看作气象雷达的回波信号,它由两个非平稳不相关信号组成,分别为气象回波信号 W_n 和地杂波信号 C_n;x_n 为参考输入信号,一般选取与 C_n 高度相关的信号,相关程度越高,滤波效果就越好,此处选取地杂波模型产生的信号,即地杂波本身 C_n 作为参考输入信号;y_n 为滤波器输出信号;e_n 为误差信号也是自适应噪声对消器(ANC)的输出信号;$h_{0n},h_{1n},h_{2n},\cdots,h_{Ln}$ 为自适应滤波器的 $L+1$ 个权系数。

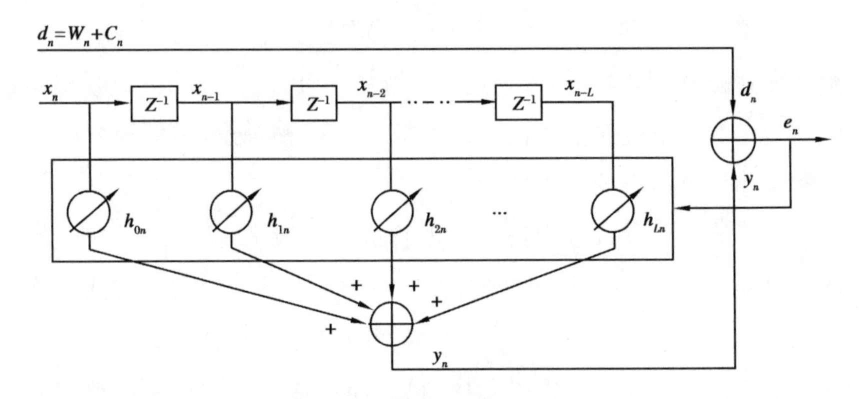

图 5.18 自适应噪声对消器

自适应噪声对消器中的 LMS 算法为[162]

$$e_n = d_n - y_n = d_n - \boldsymbol{H}_{\mathrm{n}}^T \boldsymbol{X}_{\mathrm{n}} \tag{5.24}$$

$$\boldsymbol{H}_{n+1} = \boldsymbol{H}_n + 2\mu e_n \boldsymbol{X}_n \tag{5.25}$$

式中，$\boldsymbol{H}_n = [h_{0n}, h_{1n}, h_{2n}, \cdots, h_{Ln}]^{\mathrm{T}}$ 为权矢量，$\boldsymbol{X}_n = [x_n, x_{n-1}, x_{n-2}, \cdots, x_{n-L}]^T$ 为输入信号矢量，μ 为步长因子，其余参数与图 5.17 中定义相同。

步长因子 μ 是控制算法稳定性和收敛速度的参量，传统的固定步长 LMS 算法的缺点是不能克服收敛速度和稳态误差之间这一对固有矛盾：在收敛的前提下步长取得较大，这样收敛速度虽然能得到提高，但是稳态误差会随之增大；反之，稳态误差能降低但收敛速度就会变慢。为解决这一矛盾，对上述算法中步长计算做改进，算法中步长可计算为[172]

$$\lambda_i = \exp[-2(i-1)], i = 1, 2, \cdots, n \tag{5.26}$$

$$\mu_n = \beta\left\{1 - \exp\left[-\alpha \left| e_n e_{n-1} + \sum_{i=1}^{n} \lambda_i e_{n-i+1}^2 \right|\right]\right\} \tag{5.27}$$

在式(5.27)中，步长 μ_n 的调整能精确地反映自适应的状态，从而使权向量能趋于最佳值。在此基础上，通过引入记忆因子 λ，其目的是克服 e_n 在收敛过程阶段相关性较小的不足。λ_i 的作用是对过去的 n 个误差功率加权，越是过去的信息对现在的步长的影响就越小，所以用记忆因子 λ_i 与 n 时刻开始的前 n 个误差平方之乘积累加与 $e_n e_{n-1}$ 来控制 μ_n，这样首先保证了步长不会很快变小而导致在收敛前就减小到最小，然后也具有一定的抗噪性能。在式(5.27)中，参数 $\alpha > 0$ 控制函数的形状，$\beta > 0$ 控制函数的取值范围。很显然，为了确保算法收敛，μ_n 应满足：$0 < \mu_n < 1/\lambda_{max}$，从而 β 应满足：$0 < \beta < 1/\lambda_{max}$，$\lambda_{max}$ 是输入信号自相关矩阵的最大特征值。

在上述变步长 LMS 算法中，μ_n 随着 α 值的增大而增大，从而使得该算法的收敛速度逐渐提高，但过大的 α 值增加了算法的稳态误差；随着 β 的增大，μ_n 也增大，则该算法的收敛速度逐渐提高，但是如果 β 值取的过大，算法可能会出现发散的情况。因此，在实际应用中，应选择合适的 α，β 值，以获得较快的收敛速度且稳态误差较小。下面选取 3 阶 LMS-ANC 对 I 和 Q 支路回波数据进行滤波。

(1)**仿真参数选取**

由于算法中参数 α 和 β 的不同取值可使滤波效果不同，下面将风速误差和信杂比作为参数选取的标准，讨论不同参数条件下的滤波效果并选取最佳参数值。

1）风速误差作为标准选取参数

此处把第 30 条扫描线上的风速误差作为标准选取 LMS-ANC 中参数 α 和 β，即把滤波后该扫描线上的风速误差绝对值均值和风速误差绝对值标准差作为标准，其值越小，视为滤波效果越好。下面定义第 j 条扫描线上第 i 个距离门处滤波后雷达回波信号的风速估值与雨回波风速估值的误差绝对值为

$$V\_err(j,i) = |VTRU(j,i) - VSP(j,i)| \tag{5.28}$$

定义第 j 条扫描线上的风速误差绝对值的均值为

$$V\_mean(j) = \frac{\sum_{i=1}^{\text{NBINS}} V\_err(j,i)}{\text{NBINS}} \tag{5.29}$$

定义第 j 条扫描线上的风速误差绝对值的标准差为

$$V\_Sd(j)=\sqrt{\frac{\sum_{i=1}^{\mathrm{NBINS}}[V\_err(j,i)-V\_mean(j)]^2}{\mathrm{NBINS}}} \tag{5.30}$$

式中,j 表示扫描线($1\leqslant j\leqslant$ NLINE ,NLINE 表示一个扇面上的扫描线数,本书中取60),i 表示距离门($1\leqslant i\leqslant$ NBINS ,NBINS 表示一条扫描线上的距离门数,本书中取 50),*VTRU* 表示雨回波风速估值,*VSP* 表示使用 FFT 法对滤波后雷达回波信号的风速估值。

当 LMS-ANC 中的 α 和 β 值取不同组合时,对雷达回波信号进行滤波后,第 30 条扫描线上的回波信号的风速误差绝对值均值及风速误差绝对值标准差见表 5.3。

表 5.3　不同 α 和 β 的 LMS-ANC 滤波后输出信号的风速估计值误差

β	风速误差均值/($\mathrm{m\cdot s^{-1}}$)				风速误差标准差			
	$\alpha=0.05$	$\alpha=0.1$	$\alpha=1$	$\alpha=10$	$\alpha=0.05$	$\alpha=0.1$	$\alpha=1$	$\alpha=10$
0.02	1.005 5	1.005 8	1.005 6	1.005 5	1.328 9	1.328 6	1.328 8	1.328 8
0.05	0.833 1	0.834 0	0.833 2	0.833 1	1.812 5	1.181 9	1.182 5	1.182 6
0.08	0.763 9	0.763 1	0.764 7	0.765 0	1.087 7	1.088 2	1.087 3	1.087 2
0.2	0.665 3	0.664 4	0.668 0	0.668 3	0.985 3	0.985 6	0.984 3	0.984 2
0.5	1.047 1	1.050 0	1.053 8	1.055 3	1.778 0	1.777 5	1.776 2	1.775 7
0.8	1.809 3	1.815 3	1.818 2	1.819 4	3.298 0	3.303 9	3.302 6	3.302 2
1.5	3.452 2	3.504 8	3.534 3	3.539 8	6.574 0	6.644 6	6.659 8	6.663 4

由表 5.3 可知，对于相同的 α 值（ α 取 0.05，0.1，1，10），当 $\beta = 0.2$ 时风速误差均值和风速误差标准差最小，因此选取 $\beta = 0.2$；当 $\beta = 0.2$ 时，α 取 0.1 时的风速误差均值和标准差均小于 α 为其他值时的情况。因此，当把风速误差作为标准时，应选取 $\alpha = 0.1$，$\beta = 0.2$。

2）信杂比作为标准选取参数

此处把第 30 条扫描线上的信杂比作为标准选取参数 α 和 β，即把滤波后该扫描线上的信杂比均值和标准差作为标准，信杂比均值越大、标准差越小，视为滤波效果越好。下面定义第 j 条扫描线上第 i 个距离门处的信杂比为

$$SCR(j,i) = 10\lg\left(\frac{\sum_{k=1}^{\mathrm{NPULSES}} |S(i,k,j)|^2}{\sum_{k=1}^{\mathrm{NPULSES}} |C(i,k,j)|^2}\right) \tag{5.31}$$

定义第 j 条扫描线上的信杂比均值为

$$SCR\_mean(j) = \frac{\sum_{i=1}^{\mathrm{NBINS}} SCR(j,i)}{\mathrm{NBINS}} \tag{5.32}$$

定义第 j 条扫描线上的信杂比标准差为

$$SCR\_Sd(j) = \sqrt{\frac{\sum_{i=1}^{\mathrm{NBINS}} [SCR(j,i) - SCR\_mean(j)]^2}{\mathrm{NBINS}}} \tag{5.33}$$

式中，k 表示一个距离门处的脉冲数（ $1 \leqslant k \leqslant \mathrm{NPULSES}$，NPULSES 表示一个距离门处的总脉冲数）；$S$ 表示第 j 条扫描线上所有距离门处的风切变信号回波，C 表示第 j 条扫描线上所有距离门处的地杂波回波。

当 LMS-ANC 中的 α，β 值取不同组合时，对雷达回波信号进行滤波后，第 30 条扫描线上的回波信号的信杂比均值及标准差见表 5.4。

表 5.4 不同 α 和 β 的 LMS-ANC 滤波后输出信号的信杂比

β	信杂比均值/dB				信杂比标准差			
	$\alpha=0.05$	$\alpha=0.1$	$\alpha=1$	$\alpha=10$	$\alpha=0.05$	$\alpha=0.1$	$\alpha=1$	$\alpha=10$
0.02	-1.539 8	-1.539 2	-1.538 8	-1.538 7	17.729 6	17.728 9	17.728 4	17.728 3
0.05	-0.114 2	-0.113 1	-0.112 3	-0.112 1	17.277 4	17.275 9	17.275 0	17.274 8
0.08	0.855 0	0.856 5	0.857 3	0.857 4	16.700 6	16.698 9	16.698 0	16.697 9
0.2	3.791 1	3.790 8	3.789 3	3.789 0	14.531 2	14.531 7	14.533 3	14.533 5
0.5	8.215 9	8.200 1	8.192 4	8.189 7	11.762 7	11.767 7	11.770 1	11.771 0
0.8	7.720 3	7.704 7	7.680 7	7.669 4	13.548 2	13.549 9	13.546 4	13.545 7
1.5	4.057 8	4.035 9	4.013 1	4.009 3	17.823 4	17.826 0	17.829 2	17.830 0

由表 5.4 可知,对于相同的 α 值(α 取 0.05,0.1,1,10),当 $\beta=0.5$ 时,信杂比均值最大且标准差也最小,因此选取 $\beta=0.5$;当 $\beta=0.5$ 时,α 取 0.05时的信杂比均值最大且其标准差最小,因此,当把信杂比作为标准时,应选取 $\alpha=0.05$, $\beta=0.5$。

3) 两种参数选择标准对比

把整个扇面所有扫描线上的风速误差和信杂比作为标准,将上面确定的不同 α 和 β 组合的滤波效果进行对比。

①风速误差绝对值均值对比

根据式(5.29)对第 j($1 \leqslant j \leqslant$ NLINE ,NLINE=60)条扫描线上的风速误差的绝对值均值的定义,得到一个扇面所有扫描线上的风速误差绝对值均值对比如图 5.19 所示。图 5.21 中,“LMS 误差(0.05,0.5)”和“LMS 误差(0.1,0.2)”分别表示 $\alpha=0.05$, $\beta=0.5$ 和 $\alpha=0.1$, $\beta=0.2$ 的 LMS-ANC 对雷达回波信号进行滤波后得到的风速误差绝对值均值。

由图 5.19 可知,从整体上看,雷达回波信号经过 $\alpha=0.1$, $\beta=0.2$ 的 LMS-ANC 滤波后,所有扫描线上的风速误差小于经过 $\alpha=0.05$, $\beta=0.5$

的 LMS-ANC 滤波后计算得到的风速误差。

②信杂比对比

根据式(5.32)对第 j($1 \leqslant j \leqslant$ NLINE ,NLINE=60)条扫描线上的信杂比均值的定义,得到一个扇面所有扫描线上的信杂比均值对比如图5.20所示。图5.20中,“SCR-LMS(0.05,0.5)”和“SCR-LMS(0.1,0.2)”分别表示 $\alpha=0.05, \beta=0.5$ 和 $\alpha=0.1, \beta=0.2$ 的 LMS-ANC 对雷达回波进行滤波后得到的信杂比均值。

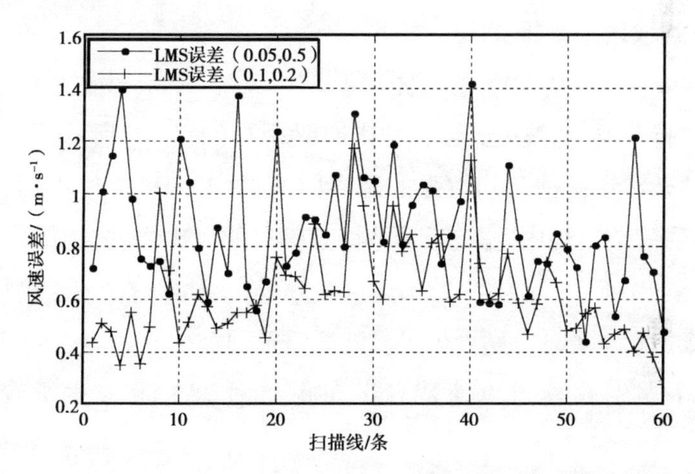

图5.19　不同参数的 LMS-ANC 滤波后整个扇面上雷达回波信号的风速误差对比

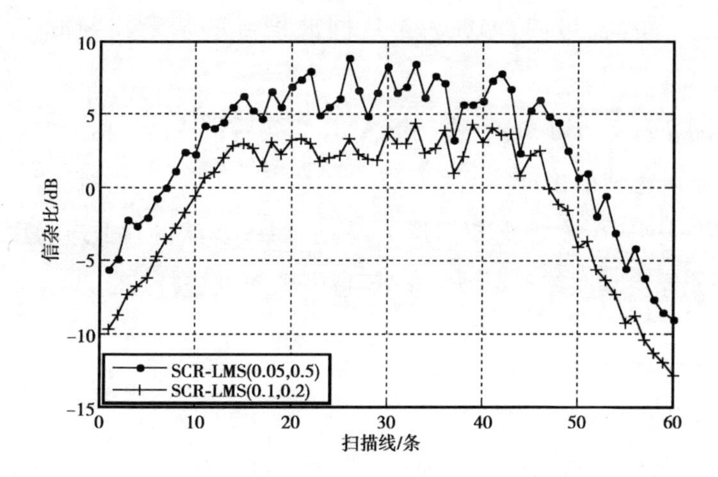

图5.20　不同参数的 LMS-ANC 滤波后整个扇面上雷达信号的信杂比对比

由图 5.20 可知，雷达回波信号经过 $\alpha=0.1$，$\beta=0.2$ 的 LMS-ANC 滤波后，其每条扫描线上的信杂比均值小于经过 $\alpha=0.05$，$\beta=0.5$ 的 LMS-ANC 滤波后的雷达回波信号的信杂比约 4 dB。

综上分析可知，从整体上看，当 $\alpha=0.1$，$\beta=0.2$ 时，LMS-ANC 对雷达回波信号进行滤波后，得到的风速误差较小，但其信杂比也较小。此处考虑到由于在检测风切变时主要关心其风速，因此，此处选取使风速误差较小的 LMS-ANC 的参数，即 $\alpha=0.1$，$\beta=0.2$。

(2)**滤波效果分析**

选取 $\alpha=0.1$，$\beta=0.2$ 的 3 阶 LMS-ANC 对第 30 条扫描线上的雷达回波信号进行滤波，滤波后其多普勒谱如图 5.21(a)、(b)所示；图 5.21(c)给出了地杂波和雨回波均较强的距离门范围(20~38 个距离门)内的滤波前、后的信杂比对比；滤波后雷达回波信号的风速估值与雨回波风速估值的对比如图 5.21 (d)所示。

图 5.21(a)、(b)分别给出了滤波后雷达回波信号的多普勒谱三维谱和二维俯视图，由此可以清楚看出在距离门 22~30 发生了较强的风切变。

由图 5.21(c)可知，在地杂波和雨回波均较强的距离门范围(20~38 个距离门)内，滤波后雷达回波信号的信杂比与滤波前相比提高了20~35 dB。

由图 5.21 (d)可知，经过 LMS-ANC 滤波后雷达回波信号的风速估值与雨回波风速估值接近。

结果表明，在较低 SCR 情形下，基于 LMS 算法的自适应噪声对消器(ANC)能够主动跟踪地杂波的多普勒频率，对其进行抑制。

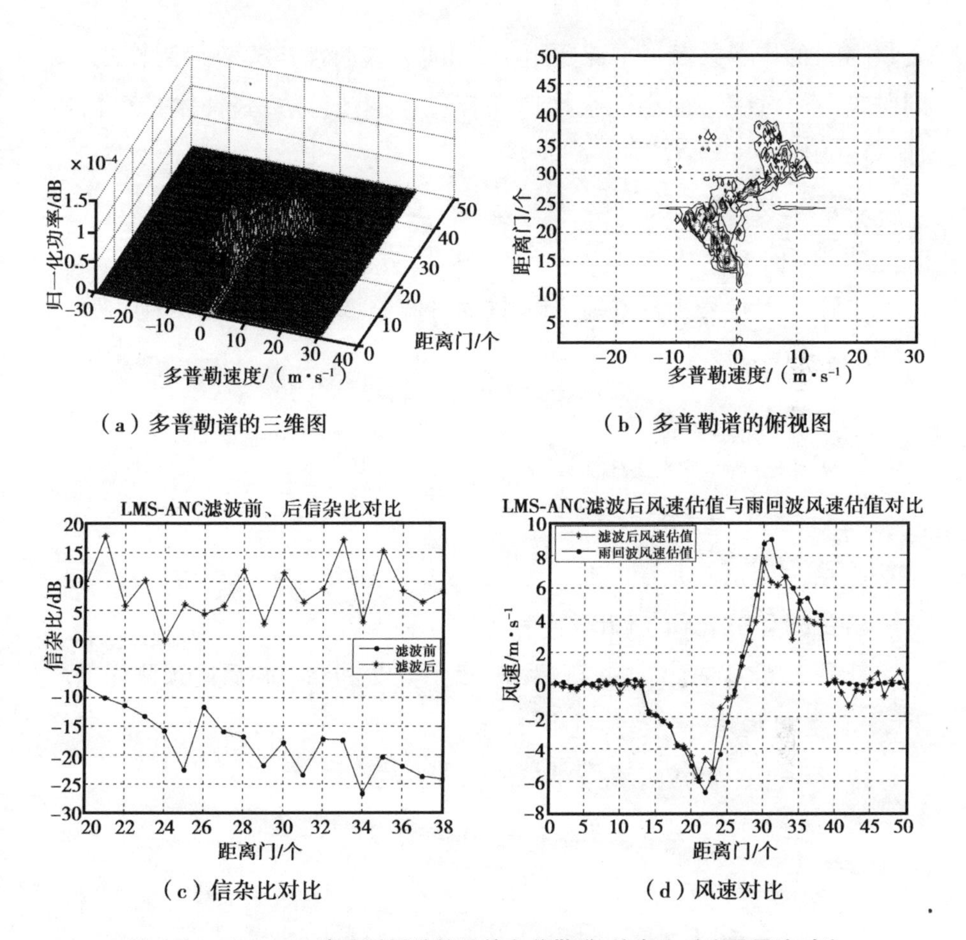

（a）多普勒谱的三维图

（b）多普勒谱的俯视图

（c）信杂比对比

（d）风速对比

图 5.21　LMS-ANC 滤波后雷达信号的多普勒谱、信杂比对比及风速对比

5.4.3　最小二乘格形联合过程估计器

最小二乘格形（Least Square Lattice，LSL）联合过程估计器（简称估计器）是自适应噪声对消器（ANC）的一种实现形式[41-44]。该估计器由基于复形式的平方根归一化最小二乘格形估计算法的自适应预测器和基于最小二乘的组合器组成。最小二乘算法是一种以期望响应和输出信号之间误差的平方和最小为准则的。

图 5.22 给出了该估计器结构，其中虚线框内为 M 阶自适应预测器，该预测器采用复平方根归一化最小二乘格形估计算法[48]。本人和参考

文献[48]的作者共属一个课题组,共同研究地杂波建模与抑制算法,共同研究一种归一化最小二乘格形联合过程估计方法,其具体算法描述如下:

步骤1:初始化

$R_0=0$, $T_0=0$, $eb_{0,0}=0$, $ef_{0,0}=0$, $e_{0,0}=0$, $K=0$, $H=0$

步骤2:对信号进行方差估计,同时计算归一化前向预测误差序列

$for n = 0:N$

$$R_n=\lambda R_{n-1}+x_n^* x_n$$

$$ef_{0,n}=eb_{0,n}=x_n\,(R_n)^{-1/2}$$

$$T_n=\lambda T_{n-1}+d_n^* d_n$$

$$e_{0,n}=d_n\,(T_n)^{-1/2}$$

若步骤2中$1/x$的x出现$x=0$的情况,则令$1/x=1$。

步骤3:计算估计器的回归系数、反射系数和归一化后向预测误差序列,其计算过程是一个递归过程,即

$for\ m=0:[\min(n,M)-1]$

$$K_{m+1,n}=[1-ef_{m,n}^* ef_{m,n}]^{1/2}K_{m+1,n-1}[1-eb_{m,n-1}^* eb_{m,n-1}]^{1/2}+ef_{m,n}^* eb_{m,n-1}$$

$$ef_{m+1,n}=[1-K_{m+1,n}^* K_{m+1,n}]^{-1/2}[ef_{m,n}-K_{m+1,n}^* eb_{m,n-1}][1-eb_{m,n-1}^* eb_{m,n-1}]^{-1/2}$$

$$eb_{m+1,n}=[1-K_{m+1,n}^* K_{m+1,n}]^{-1/2}[eb_{m,n-1}-K_{m+1,n}ef_{m,n}][1-ef_{m,n}^* ef_{m,n}]^{-1/2}$$

$$H_{m+1,n}=[1-e_{m,n}^* e_{m,n}]^{1/2}H_{m+1,n-1}\,[1-eb_{m,n-1}^* eb_{m,n-1}]^{1/2}+e_{m,n}^* eb_{m,n-1}$$

$$e_{m+1,n}=[1-H_{m+1,n}^* H_{m+1,n}]^{-1/2}[e_{m,n}-H_{m+1,n}^* eb_{m,n-1}][1-eb_{m,n-1}^* eb_{m,n-1}]^{-1/2}$$

在上述算法中,d_n是期望信号;x_n为参考信号;$e_{M,n}$是估计器最后一阶的误差信号,也是其输出信号;$H_{m+1,n}$是估计器第$m+1$阶的n次回归

系数；N 为数据序列点数；M 为格形最大阶数；λ 为指数权重因子 $(0<\lambda<1)$；R_n 为 x_n 的方差估计；$K_{m+1,n}$ 为第 $m+1$ 阶的 n 次归一化反射系数；$ef_{m+1,n}$ 为第 $m+1$ 阶归一化前向预测误差的 n 次序列；$eb_{m+1,n}$ 为第 $m+1$ 阶归一化后向预测误差的 n 次序列。

在上述算法的运算过程中，有两个基于归一化 LSL 算法的最优估计同时发生：

①将相关输入采样序列 $x_n, x_{n-1}, \cdots, x_{n-M+1}$ 转换为相应的非相关后向预测误差 $eb_{0,n}, eb_{1,n}, \cdots, eb_{M-1,n}$ 序列。

②把后向预测误差序列 $eb_{0,n}$，$eb_{1,n}, \cdots$，$eb_{M-1,n}$ 作为输入，通过多回归滤波器，以横向滤波器的形式，对期望响应 d_n 进行估计。

上述算法还具有以下特点：与直接实现相比，格形结构具有较低的与有限字长有关的计算误差；与非归一化格式相比，归一化格式对存储容量要求低，且计算复杂度也降低；采用复形式的算法，适用于对复数数据的处理；最小二乘算法具有较快的收敛率；引入了指数加权因子 λ，用此因子对输入信号加指数权，时间越近加权越大，这样使算法更能反映当前情况。因此，该算法对雨回波和地杂波回波等非平稳信号具有较强的适应性，可采用该估计器对雨回波和地杂波回波信号进行滤波。

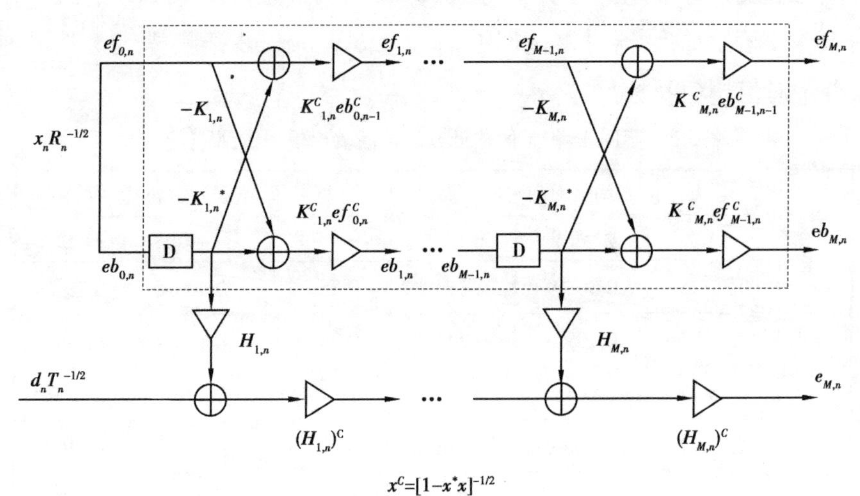

图 5.22　估计器结构

上述算法在对雷达回波信号进行滤波的应用中，选取 d_n 为雷达回波信号即总回波，它主要由两个非平稳不相关的信号组成，分别为气象回波信号 W_n 和地杂波 C_n ；x_n 为参考输入信号，一般选取与 C_n 高度相关的信号，相关程度越高，滤波效果就越好，此处选取地杂波模型产生的信号即地杂波本身 C_n 作为参考输入信号；估计器的输出信号 $e_{M,n}$ 即为进行地杂波消除后的输出信号，其期望为气象回波信号 W_n 。

由于上述算法中，参数 M 和 λ 的不同取值可使其滤波效果不同，下面将给出在风切变雷达地杂波抑制的应用中，两种确定 M 和 λ 值的情况。

(1) **仿真参数选取**

由于算法中参数 M 和 λ 的不同取值可使滤波效果不同，下面将风速误差和信杂比作为参数选取的标准，讨论不同参数条件下的滤波效果并选取最佳参数值。

1) 风速绝对误差作为标准选取参数

此处把第 30 条扫描线上的风速误差作为标准选取估计器的最优参数 M 和 λ，即把滤波后该扫描线上的风速误差绝对值均值和风速误差绝对值标准差作为标准，其值越小，视为滤波效果越好。此处对风速误差绝对值均值及其标准差的计算参考式(5.29)、式(5.30)。表 5.5 给出了不同 M 和 λ 值的估计器对雷达回波信号滤波后，第 30 条扫描线上其风速误差绝对值均值及标准差。

表 5.5　不同 M 和 λ 的估计器滤波后输出信号的风速误差

M	风速误差均值/($m \cdot s^{-1}$)			风速误差标准差		
	$\lambda=0.8$	$\lambda=0.9$	$\lambda=0.99$	$\lambda=0.8$	$\lambda=0.9$	$\lambda=0.99$
2	0.339 5	0.308 9	0.242 2	0.361 6	0.403 4	0.197 4
3	0.257 4	0.199 4	0.244 2	0.234 0	0.185 4	0.199 7
4	0.356 1	0.241 4	0.245 1	0.329 5	0.224 6	0.2 00 5
5	0.293 2	0.200 0	0.243 3	0.272 6	0.173 2	0.197 2
6	0.330 9	0.227 6	0.235 4	0.309 9	0.201 1	0.195 1

由表5.5可知，当$M=3,\lambda=0.9$时，经过估计器滤波后的雷达回波信号的风速误差均值最小，其相应的风速误差标准差也较小。因此，当把风速误差作为标准时，应选取$M=3,\lambda=0.9$。

2）信杂比作为标准选取参数

此处把第30条扫描线上的信杂比作为标准选取参数M和λ，即把滤波后该扫描线上的信杂比均值和标准差作为标准，信杂比均值越大、标准差越小，视为滤波效果越好。此处对信杂比均值及其标准差的计算参考式(5.32)、式(5.32)。表5.6给出了不同M和λ值的估计器对雷达回波信号滤波后第30条扫描线上的回波信号的信杂比均值及标准差。

表5.6 不同M和λ的估计器滤波后输出信号的信杂比

M	信杂比均值/dB			信杂比标准差		
	$\lambda=0.8$	$\lambda=0.9$	$\lambda=0.99$	$\lambda=0.8$	$\lambda=0.9$	$\lambda=0.99$
2	−30.866 6	−26.981 1	−15.134 1	15.020 5	14.534 9	12.957 3
3	−30.795 1	−26.847 8	−15.088 2	14.989 9	14.417 6	12.919 8
4	−30.735 7	−26.743 2	−15.041 1	14.956 3	14.315 1	12.887 8
5	−30.695 4	−26.686 0	−14.998 1	14.944 6	14.276 3	12.864 3
6	−30.664 4	−26.635 8	−14.947 2	14.937 5	14.237 9	12.841 6

由表5.6可知，对于相同的阶数M，λ越大信杂比均值明显增大，而信杂比标准差越小，因此选取$\lambda=0.99$；当$\lambda=0.99$时，M越大，则信杂比均值越大、标准差越小，但其各阶之间差值较小，考虑到滤波器阶数M越大，算法执行时间越长，故不宜使M过大，此处选取$M=3$。因此，选取$M=3,\lambda=0.99$。

3)两种参数选择标准对比

把整个扇面所有扫描线上的风速误差和信杂比作为标准,将上面确定的不同 M 和 λ 组合的滤波效果进行对比。

①风速误差绝对值均值对比

根据式(5.29)对第 j ($1 \leqslant j \leqslant$ NLINE ,NLINE=60)条扫描线上的风速误差的绝对值均值的定义,得到一个扇面所有扫描线上的风速误差绝对值均值对比如图5.23所示。图5.25,中“LSL误差(3,0.99)”和“LSL误差(3,0.9)”分别表示 $M=3,\lambda=0.99$ 和 $M=3,\lambda=0.9$ 的LSL-ANC对雷达回波进行滤波后得到的风速误差绝对值均值。

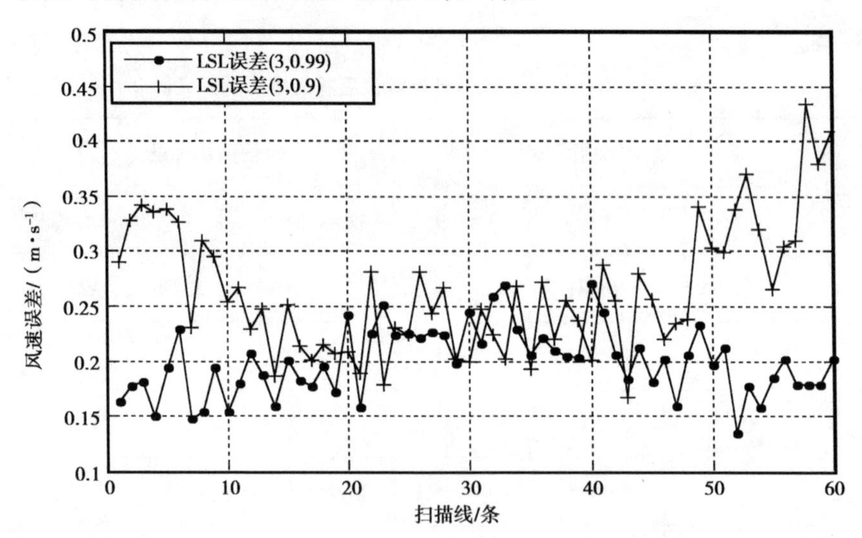

图5.23 不同参数的LSL-ANC滤波后整个扇面上雷达信号的风速误差对比

由图5.23可知,雷达回波信号经过LSL-ANC($M=3,\lambda=0.99$)滤波后,整个扇面上,除中间位置的个别扫描线上之外,其余位置的扫描线上的风速误差均小于经过LSL-ANC($M=3,\lambda=0.9$)滤波后的风速误差。

②信杂比对比

根据式(5.32)对第 j ($1 \leqslant j \leqslant$ NLINE ,NLINE = 60)条扫描线上的信杂比均值的定义,得到一个扇面所有扫描线上的信杂比均值对比如图 5.24所示。图 5.24 中,“SCR-LSL(3,0.99)”和“SCR-LSL(3,0.9)”分别表示 $M=3,\lambda=0.99$ 和 $M=3,\lambda=0.9$ 的 LSL-ANC 对雷达回波进行滤波后得到的信杂比均值。

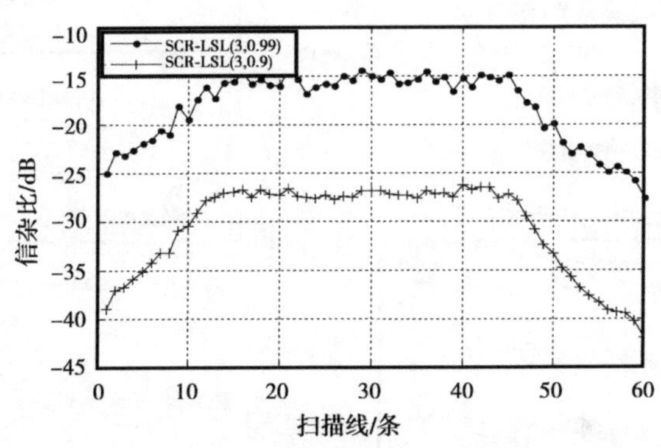

图 5.24　不同参数的 LSL-ANC 滤波后整个扇面上雷达信号的信杂比对比

从图 5.24 可以明显看出,雷达回波信号经过 $M=3,\lambda=0.99$ 的 LSL-ANC 滤波后,得到的信杂比均值远大于经过 $M=3,\lambda=0.9$ 的 LSL-ANC 滤波后得到的信杂比均值。

综上分析,当选取 LSL-ANC 中 $M=3,\lambda=0.99$ 时,整个扇面上的雷达回波信号经过滤波后其风速误差较小且信杂比较大,因此,选取 $M=3,\lambda=0.99$。

(2)**滤波效果仿真分析**

选取 $M=3,\lambda=0.99$ 的 LSL-ANC 对第 30 条扫描线上的雷达回波信号进行滤波,滤波后其多普勒谱三维谱和二维俯视图分别如图 5.25(a)、(b)所示;图 5.25(c)给出了地杂波和雨回波均较强的距离门范围(20~38 个距离门)内的滤波前后的信杂比对比;滤波后雷达回波信号的风速估值与雨回波风速估值的对比如图 5.25(d)所示。

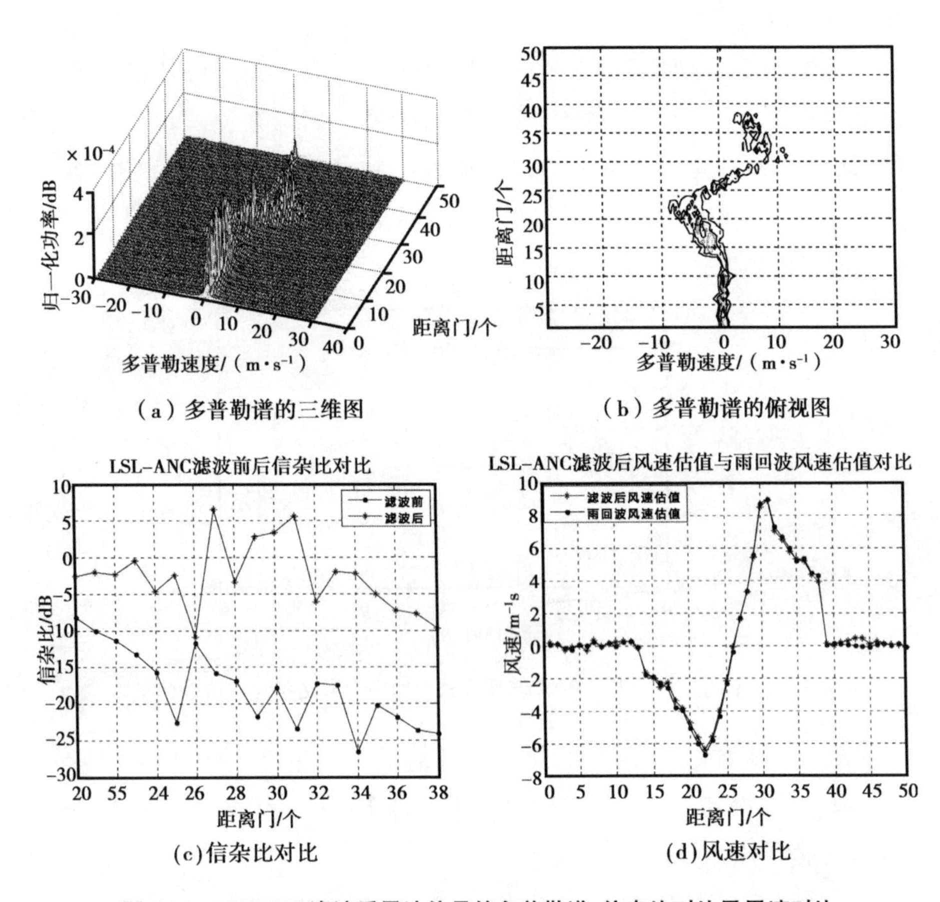

(a) 多普勒谱的三维图

(b) 多普勒谱的俯视图

(c)信杂比对比

(d)风速对比

图 5.25　LSL-ANC 滤波后雷达信号的多普勒谱、信杂比对比及风速对比

图 5.25(a)、(b)分别给出了滤波后雷达回波信号的多普勒谱三维谱和二维俯视图,由此可以清楚看出在距离门 22~30 发生了较强的风切变,在 1~13 个距离门处,存在零多普勒速度处的较强地杂波,但由于该距离门范围内的雨回波风速在零附近,因此,风速估值几乎不受地杂波的影响。

由图 5.25(c)可知,在地杂波和雨回波均较强的距离门范围(20~38 个距离门)内,滤波后雷达回波信号的信杂比与滤波前相比提高了2~30 dB。

图 5.25(d)给出了滤波后的风速估值与雨回波风速估值对比,由该

图可知，滤波后雷达信号的风速估值接近雨回波风速估值。

由以上分析可知，风切变雷达回波信号经 $M=3,\lambda=0.99$ 的 LSL-ANC 滤波后，可基本实现地杂波对消。

5.4.4　地杂波抑制滤波效果对比

本节给出传统杂波滤波方法和 LMS-ANC 和 LSL-ANC 滤波方法在一个扇面所有扫描线上的信号滤波后，其风速估计误差、信杂比改善的对比；并给出它们对一条扫描线滤波所需的平均运算时间对比。

（1）风速误差对比

1）一个扇面所有扫描线上的风速相对误差均值对比

为了对比 LMS-ANC 和 LSL-ANC 两种滤波方法对一个扇面所有扫描线上的雷达回波信号滤波后，计算得到的风速估值相对雨回波风速估值的情况，图 5.26 给出所有扫描线上分别经过两种滤波方法滤波后得到的风速相对误差均值。第 j 条扫描线上滤波后雷达回波信号的风速相对误差均值定义为第 j 条扫描线上滤波后雷达回波信号的风速误差绝对值的均值与第 j 条扫描线上雨回波的风速估值的比值

$$REL\_V\_mean(j)=\frac{V\_mean(j)}{\dfrac{\sum_{i=1}^{\mathrm{NBINS}}VTRU(j,i)}{\mathrm{NBINS}}} \tag{5.34}$$

式中，$REL\_V\_mean(j)$ 表示第 j 条扫描线上雷达回波信号的风速相对误差均值，其余参数见式（5.28）—式（5.30）中的定义。

图 5.26 中，“LMS 误差”和“LSL 误差”分别表示经过 LMS-ANC，LSL-ANC 滤波后雷达回波信号的风速相对误差均值；MTI1，MTI2 分别表示经过一次 MTI 相消器、二次 MTI 相消器滤波后雷达回波信号的风速相对误差均值。

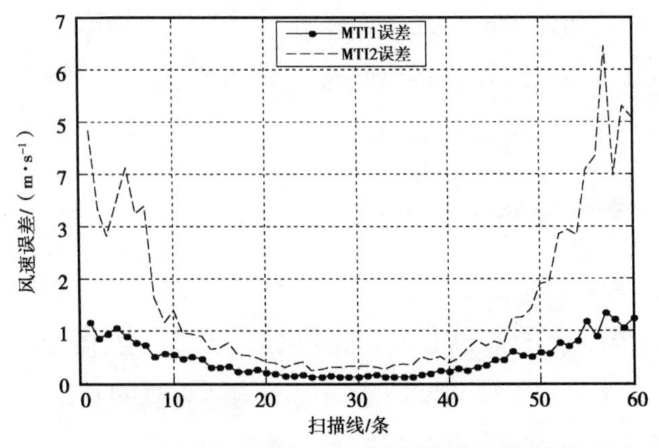

（a）经过MTI1，MTI2滤波后风速误差对比

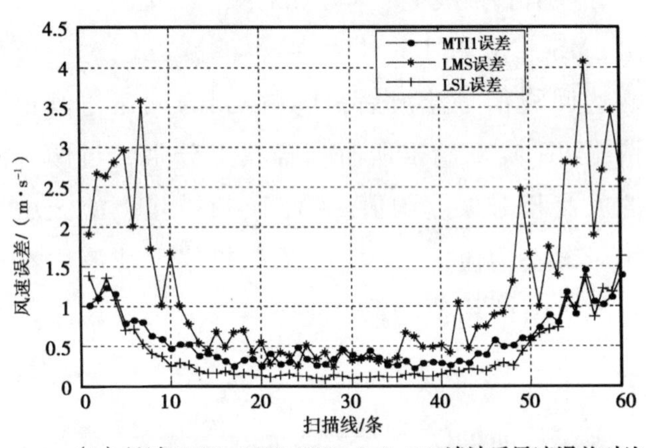

（b）经过AMTI、LMS-ANC、LSL-ANC滤波后风速误差对比

图 5.26　经过各种滤波方法后的风速相对误差均值对比

由图 5.26 可知，从整体上看，经过 LMS-ANC 和 LSL-ANC 滤波后，雷达回波信号的风速估值相对误差在中间扫描线处较小而在两边扫描线处较大，这说明在中间扫描线处，滤波后雷达回波信号的风速估值相对接近雨回波风速估值，即在中间扫描线处的风速估值较好；且“LSL 误差” <“LMS 误差”。

2）整个扇面上风速绝对误差均值对比

下面定义一个扇面上的风速估值与雨回波风速估值的绝对误差均值为

$$V\_fan\_mean = \frac{\sum_{j=1}^{\text{NLINE}} V\_mean(j)}{\text{NLINE}} \tag{5.35}$$

一个扇面上的风速估值与雨回波风速估值的绝对误差的标准差定义为

$$V\_fan\_Sd = \sqrt{\frac{\sum_{j=1}^{\text{NLINE}} [V\_mean(j) - V\_fan\_mean]^2}{\text{NLINE}}} \tag{5.36}$$

上面两式中所用到的参数见式(5.33)中的定义。

根据式(5.35)、式(5.36)中的定义,表 5.7 给出了一个扇面上的雷达回波信号分别经过 LMS-ANC,LSL-ANC 滤波后的风速误差均值及标准差,表中按照风速误差均值从小到大的顺序将 LMS-ANC,LSL-ANC 滤波方法与传统的滤波方法进行了排列。

表 5.7　风速误差对比

滤波方法	LSL-ANC	MTI1	AMTI	LMS-ANC	MTI2
风速误差均值/$(\text{m} \cdot \text{s}^{-1})$	0.196 5	0.282 6	0.408 5	0.697 0	0.714 7
风速误差标准差	0.027 9	0.074 9	0.219 1	0.204 2	0.102 0

对比图 5.26 与表 5.7 可知,图 5.26 与表 5.7 对应一致,且一个扇面的雷达回波信号分别经过 LSL-ANC,LMS-ANC 滤波后,其风速误差均值依次增大。以风速误差为对比参数时,LSL-ANC 方法最优。

(2)**信杂比对比**

1) 一个扇面所有扫描线上的信杂比对比

图 5.27 给出所有扫描线上滤波前信杂比以及分别经过 LMS-ANC,LSL-ANC 两种滤波方法滤波后雷达回波信号的信杂比;图 5.27 中,“SCR”表示滤波前雷达回波信号的信杂比,“SCR-LMS”和“SCR-LSL”分别表示 LMS-ANC,LSL-ANC 滤波后的雷达回波信号的信杂比。

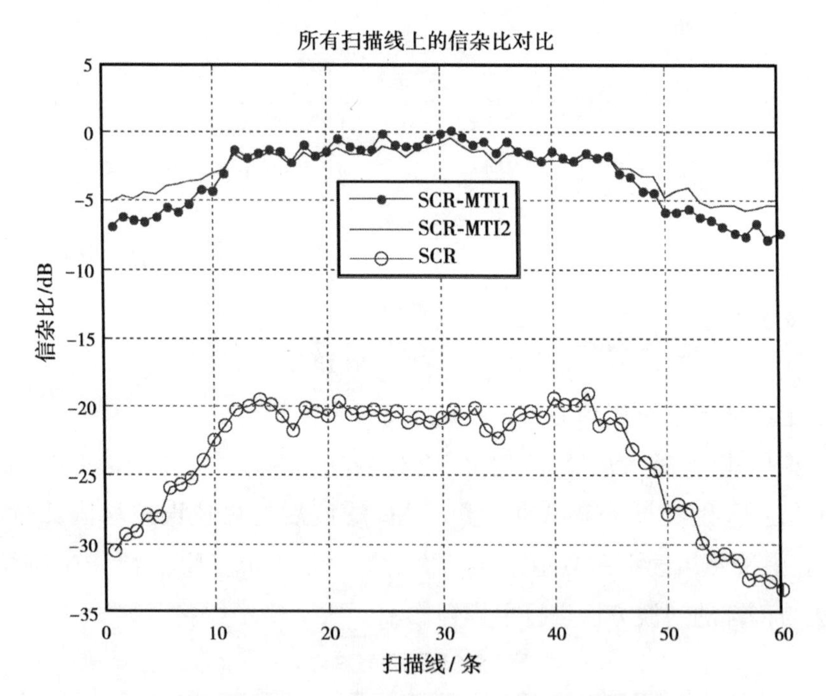

（a）经过 MTI1、MTI2 滤波后 SCR 与滤波前 SCR 对比

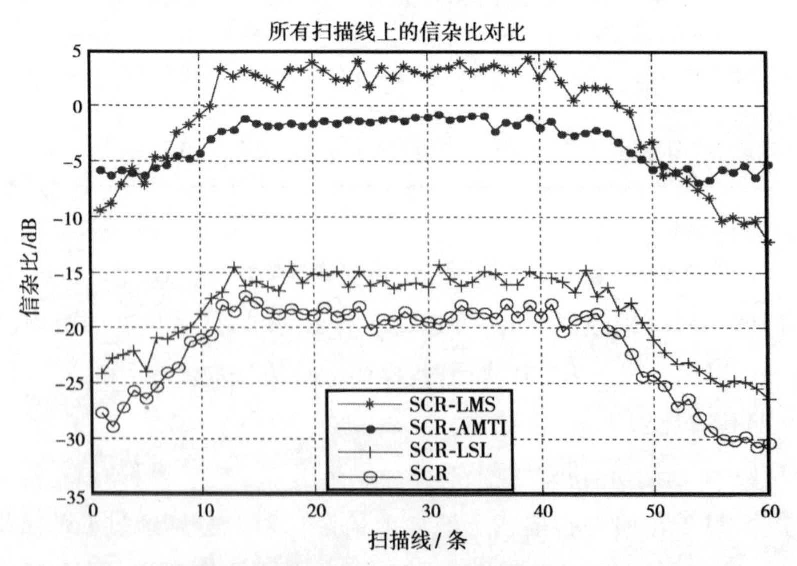

（b）经过 LMS-ANC， LAL-ANC， AMTI 滤波后 SCR 与滤波前 SCR 对比

图 5.27 滤波前信杂比及分别经过各种滤波方法后的信杂比对比

由图 5.27 可知，经过不同滤波方法滤波后，“SCR-LMS”>“SCR-LSL”，且滤波后雷达回波信号的信杂比均远大于滤波前的雷达回波信号的信杂比。可见，以信杂比为对比参数时，LMS-ANC 方法要优于传统的 AMTI 方法；同时也优于 LSL-ANC 方法。

2）整个扇面上信杂比均值对比

此处定义一个扇面上的信杂比均值为

$$SCR\_fan\_mean = \frac{\sum_{j=1}^{\mathrm{NLINE}} SCR\_mean(j)}{\mathrm{NLINE}} \tag{5.37}$$

定义一个扇面上的信杂比标准差为

$$SCR\_fan\_Sd = \sqrt{\frac{\sum_{j=1}^{\mathrm{NLINE}} [SCR\_mean(j) - SCR\_fan\_mean]^2}{\mathrm{NLINE}}} \tag{5.38}$$

上面两式中用到的参数见式(5.25)—式(5.27)中的定义。

根据式(5.37)、式(5.38)的定义，表 5.8 给出了一个扇面上的雷达回波信号分别经过 LMS-ANC，LSL-ANC 滤波后的信杂比均值和信杂比标准差。表中按照信杂比均值从大到小的顺序将各种滤波方法进行排列。另外，滤波前信杂比均值和标准差分别为-21.859 7 dB 和 4.196 9。

结合图 5.27 和表 5.8 可知，图 5.27 和表 5.8 对应一致，且一个扇面的雷达回波信号分别经过 LMS-ANC，LSL-ANC 滤波后，其信杂比均值依次减小。可见，以信杂比为对比参数时，LMS-ANC 方法最优。同时，通过表 5.8 可以看出，采用 LMS-ANC，LSL-ANC 滤波后其信杂比得到了很大提高，且信杂比标准差均小于滤波前的信杂比标准差。

表 5.8　信杂比对比

滤波方法	LMS-ANC	MTI2	MTI1	AMTI	LSL-ANC
信杂比均值/dB	-0.601 9	-2.861 3	-3.164 4	-3.260 9	-18.440 1
信杂比标准差	4.911 2	1.407 3	2.138 8	2.003 5	3.533 9

（3）**运算时间对比**

经过不同滤波方法的运算时间（对一条扫描线滤波所需的平均运算时间）如图 5.28 所示。

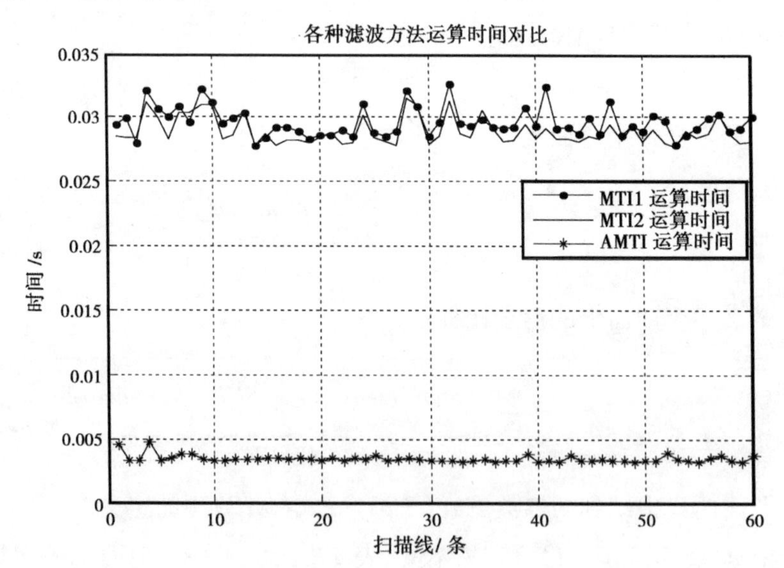

（a）MTI1，MTI2，AMTI 滤波方法运算时间对比

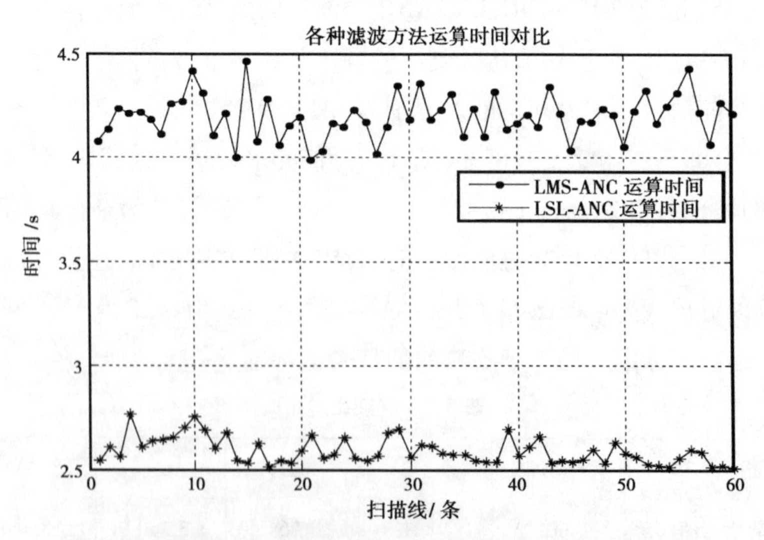

（b）LMS-ANC，LSL-ANC，AMTI 滤波方法运算时间对比

图 5.28　经过各种滤波方法的运算时间对比

在相同的计算机仿真环境下，不同滤波方法对每条扫描线上的信号进行滤波所需的平均运算时间见表 5.9。

表 5.9　运算时间对比

滤波方法	AMTI	MTI2	MTI1	LSL-ANC	LMS-ANC
运算时间/s	0.005 4	0.042 2	0.042 8	3.595 0	4.804 4

由表 5.9 可知，传统的 AMTI，MTI 滤波方法的运算时间要小于 LSL-ANC和LMS-ANC方法；同时，LMS-ANC 的运算时间要长于 LSL-ANC 滤波方法所需的运算时间，这是由于 LSL-ANC 算法本身的运算造成的时间较长，而 LMS-ANC 是由于在算法运算中，对步长μ_n（$0 < \mu_n < 1/\lambda_{max}$）和参数$\beta$（$0 < \beta < 1/\lambda_{max}$）的取值范围进行限制造成的：限定其取值范围需计算 λ_{max}，计算 λ_{max} 需对输入序列的自相关矩阵进行计算，而该过程花费时间较长。可见，以运算时间为对比参数时，LSL-ANC 方法要优于 LMS-ANC 方法。

上面给出了 LMS-ANC，LSL-ANC 两种滤波方法滤波后的雷达信号的风速误差对比、信杂比对比和滤波所需的运算时间对比。由对比可知，LMS-ANC，LSL-ANC 滤波方法在不同的对比标准下，其性能好坏不同：以风速误差、运算时间为对比参数，LMS-ANC，LSL-ANC 滤波方法要优于传统的 MTI，AMTI 滤波方法；但以运算时间为对比参数时，LMS-ANC，LSL-ANC 两种滤波方法的运算时间要大于传统的 MTI，AMTI 滤波方法。在实际应用中，可根据实际情况选择。而运算时间的考虑可根据所用硬件的运算速度来定。

5.5　本章小结

本章较全面地分析了地杂波建模及其抑制算法。

首先，分析了脉冲多普勒雷达的地杂波谱；论述了地杂波特性，讨论了影响地杂波谱形状的因素。

其次，建立了飞机与地面反射单元的相对坐标位置关系，导出了地杂波回波信号数学模型，基于 Bessel 函数建立了3 dB波束宽度为 2.8°的天线模型；提出了一种地杂波仿真方法，运用 I，Q 回波仿真分析了在不同初始俯仰角条件下的地杂波的三维多普勒谱。仿真结果表明，提出的地杂波仿真算法可以有效分析地杂波功率谱的分布情况，建立的地杂波模型能较好地符合地杂波谱特征。

再次，分析了目前常用地杂波抑制技术，如主波束上仰、设计低旁瓣天线、限制探测距离、单元到单元的 AGC、滤波器抑制。

最后，仿真分析了传统的 AMTI，MTI 地杂波抑制方法；分析了最小均方误差（LMS）算法和自适应杂波对消器（ANC），研究了 LMS-ANC 和 LSL-ANC 地杂波抑制算法。从风速误差、信杂比和运算时间 3 个方面分析了 LMS-ANC 和 LSL-ANC 滤波算法的性能；以风速误差为对比因素，LSL-ANC 滤波方法的性能要优于传统的 AMTI 滤波方法51.897 %、MTI1 滤波方法30.467 %、MTI2 滤波方法72.506 %；同时，LMS-ANC 滤波方法要优于传统的 MTI2 滤波方法2.477 %。以信杂比为对比参数，LMS-ANC 滤波方法要优于传统的 MTI2 滤波方法78.964 %、MTI1 滤波方法的80.979 %、AMTI 滤波方法的81.517 %，同时 LMS-ANC 滤波方法则要优于 LSL-ANC 滤波方法。但 LMS-ANC 和 LSL-ANC 的运算时间要大于传统的 MTI 以及 AMTI 滤波方法。

第6章 总结与展望

6.1 研究总结

本书针对气象雷达中风切变、湍流和地杂波等非线性时变微弱信号进行了深入的研究。研究内容主要包括气象雷达回波特性分析、风切变目标回波特性建模仿真分析、湍流信号处理与检测方法、地杂波建模及其抑制算法。鉴于风切变现象存在的短暂性和不重复性带来的现场试验的高成本和高危险性，以及我国目前正在自主研制具有探测风切变、湍流等功能的气象雷达，因此，气象雷达回波特性与信号处理方法研究具有较强的现实意义。全文所做的主要研究成果总结如下：

①针对风切变现象存在的短暂性和不重复性带来的现场试验的高成本和高危险性，建立并模拟了一种能够反映实际风场及物理特性的变化风场，并在此基础上建立了一种风切变目标雨回波模型。建立了一种工程化的风场模型来模拟风切变中对飞行危害最大的微下击暴流，通过数学拟合并结合流体力学叠加得到了模型的数学形式。在此基础上，通过

研究风场模型中各个参数对风场的影响,总结出通过修改 X 轴和 Y 轴扭曲因子可以改变风场形态,对其作适当地调整后仿真得到了对称风场和非对称风场中顺风、逆风、侧风以及偏风的风场情况。仿真结果表明,利用该模型得到的风场数据可较好地模拟出风切变的基本特征。

②分析了风切变目标雨回波信号产生的基本原理,从基本雷达方程入手推导了风切变雨回波平均功率及幅度,结合多普勒效应得到单个散射体雨回波的幅度和相位,从而得到了单个散射体雨回波信号表达式。利用网格划分的思想,经过距离向、方位向和俯仰向的积分得到单根扫描线总的目标雨回波。基于以上理论基础,仿真实现了对称风场、非对称风场,在建立的天线模型和给定的系统参数下,将风场数据由风场坐标系转换到天线坐标系,完成了对目标雨回波的仿真和分析。仿真结果表明,由该风场模型模拟的风场能够很好地反映风切变基本特征,由此得到的风切变目标雨回波信号速度谱分布可很好地反映出风速的切变状况,且与模拟风场径向速度分量一致。

③深入分析了湍流信号的检测算法。首先,建立了湍流数学模型,根据模型,仿真分析了湍流径向速度分布和三维谱等特性。其次,针对湍流特性,在特定的风场条件下对湍流模型进行了仿真,提出了基于 FFT 的湍流信号处理算法,用该算法对湍流回波信号进行了仿真分析。再次,在频域空间运用 FFT 的三维对称特性产生了零均值三维噪声,结合 Von Karman 模型的成型滤波器函数产生了空间湍流场数据。把湍流尺度和湍流强度引入气象雷达湍流信号处理仿真中,同时,由于湍流尺度和强度是随着飞机飞行高度而变化的,于是把空间距离无因次化。仿真结果显示,有因次情形下的湍流变化规律与无因次情形是相同的,但波动幅度要大于无因次情形,湍流场数据具有较好的统计特性,从而使飞机在湍流中的实时模拟更加真实。最后,分析了传统的脉冲对湍流检测方法,提出了一种新的湍流检测算法,并运用 Monte Carlo 方法仿真分析了新的湍流检测方法,并与脉冲对检测方法进行了比较。仿真结果表明,新的湍流检测方法的检测概率要大于传统的脉冲对湍流检测方法的检测概率。

④在地杂波建模与抑制算法方面,首先,分析了脉冲多普勒雷达的地杂波功率谱和主瓣杂波、旁瓣杂波、高度线杂波特性,并讨论了影响地杂波谱形状的因素。其次,建立了飞机与地面反射单元的相对坐标位置关系,导出了地杂波回波信号数学模型,提出了一种地杂波仿真算法,基于同向分量和正交分量回波仿真分析了在不同初始俯仰角和方位角下的地杂波的三维多普勒速度谱。仿真结果表明,本书提出的地杂波仿真算法可以有效分析地杂波功率谱的分布情况,建立的地杂波模型能较好地符合地杂波谱特征。再次,总结分析了目前常用的主波束上仰、设计低旁瓣天线、限制探测距离、单元到单元的 AGC、滤波器抑制等地杂波抑制技术。最后,分析了最小均方 (LMS)算法和自适应噪声对消器(ANC),研究了 LMS-ANC 和 LSL-ANC 两种地杂波抑制算法,从风速误差、信杂比以及运算时间 3 个方面分析了 LMS-ANC 和 LSL-ANC 滤波算法的性能;以风速误差为和信噪比为对比参数时,LMS-ANC 和 LSL-ANC 方法要优于传统的 MTI,AMTI 滤波方法;但以运算时间为对比参数,传统的 MTI,AMTI 滤波方法的运算时间要小于 LMS-ANC,LSL-ANC 两种地杂波抑制算法。

6.2　研究展望

气象雷达回波特性和信号处理方法研究是目前研究的热点。下一步的研究工作可以从以下 3 个方面进行:

(1)风场与风切变回波数学模型与真实回波的一致性对比

由于风切变的突发性和短暂性,实际的风切变回波数据较难获得,把建立的风切变数学模型与实际回波进行对比分析将是下一步的研究重点。

(2)风切变和湍流回波的试验和验证方法

由于目前对风切变、湍流进行现场试验具有较大的难度和危险性,则对风切变和湍流这两种独特的大气现象进行试验以及对风切变和湍流回波的试验方法的研究是未来研究的重点。

(3)**对晴空湍流进行有效探测,增大湍流检测距离**

目前,气象雷达能够有效检测湿性湍流,对晴空湍流还不能够完全进行有效探测;同时,为了更加及时地让飞行员做出回避策略,则需要增大湍流检测距离。这些都需要进一步进行分析和研究。

参考文献

[1] Francesc Junyent, Chandrasekar V, et al. The CASA integrated project 1 networked system[J]. Atmosphere and Oceanic Technology, 2010(27): 61-78.

[2] Frush C, Doviak R J, Sachidananda M, et al. Application of the SZ phase code to mitigate range velocity ambiguities in weather radars [J]. Atmosphere and Oceanic Technology, 2002(19): 35-29.

[3] Ryzhkov A V, Zrnic D S, Fulton R. A real rainfall estimates using differential phase[J]. Application Meteorological, 2000(39): 263-268.

[4] Ryzhkov A V, Zrnic D S, Burgess, et al. Observation and Classification of echoes with the polarrimetric WSR-88D radar [R]. Report of national servere storms laboratory, Norman, Oklahoma, L.A. 2003: 19-26.

[5] M I Skolnik. Introduction to radar system[M]. New York: Mcgraw-Hill, 2001: 40-42.

[6] F Junyent, V Chandrasekar, et al. Validtion of first generation CASA radars with CUS-CHILL[C]. Conference of radar meteorol. Albuquerque, USA, 2006.

[7] M Wolde, A Pamany. NRC dual-frequency airborne radar for atmosphere research[C]. Conference of radar meteorol. Albuquerque, 2005.

[8] L Liang, R Meneghini. A study of air/space-borne duai-wavelength radar for estimation of rain profiles[J]. Advanced in Atmos. Sci, 2005(22): 841-851.

[9] G Zhang, R J Doviak. Spaced antenna interferometry to measure cross-beam wind, shear and turbulence: theory and formulation [J]. J. Atmos. ocean. Technol, 2007(24): 791-805.

[10] 秦娟,吴仁彪，苏志刚,等.气象雷达地杂波仿真方法[J].现代雷达，2011,33(8)：72-75.

[11] 高霞,李勇,李滔,等.机载前视风切变雷达信号处理方法分析[J].计算机仿真,2009,26(7):58-61.

[12] H M Jol. Ground Penetrating Radar Theory and Applications. Amsterdam [M]. The Netherlands: Elsevier, 2009.

[13] Seo D-W, et al. Generalized equivalent conductor method for a chaff cloud with an arbitrary orientation distribution[J]. Progress in Electromagnetics Research, 2010(15): 336-346.

[14] Marcus S W Dynamics and radar cross section density of chaff clouds [J]. IEEE Transactions on Aerospace and Electronic Systems, 2004, 40(1): 93-102.

[15] Marcus S. W. Electromagnetic wave propagation through chaff clouds [J]. IEEE Transactions on Antennas and Propagation, 2007(55): 2032-2042.

[16] Taflove A, Haqness S C. Computational Electrodynamics: The Finite-DifferenceTime-Domain Method [M]. 3rd ed. Norwood, MA: Artech House, 2005.

[17] Sevgi L. Complex Electromagnetic Problems and Numerical Simulation Approaches[M]. Hoboken, NJ: Wiley-IEEE Press, 2003.

[18] T Counts, A C Gurbuz, W R Scott, et al.Multistatic ground-penetrating radar experiments[J].IEEE Trans. Geosci. Remote Sens., 2007,45(8):2544-2553.

[19] A Consortini,Y Y Sun, C Innocenti,et al. Measuring inner scale of atmospheric turbulence by angle of arrival and scintillation[J].Opt. Commun., 2003(216):19-23.

[20] 林连雷,闫芳,杨京礼.利用嵌套微分进化算法选择微下击暴流模型参数[J].系统工程与电子技术,2012,34(11):2379-2383.

[21] Selan R P, Holems J D. Numerical simulations of thunderstorm downbursts [J]. Journal of Wind Engineering and Industrial Aerodynamics, 1992, 44(4):2817-2825.

[22] Wood G S, K Motteran, et al. Physical and numerical modeling of thunderstorm downbursts. Journal of Wind Engineering and Industrial Aerodynamics,2001,89(6):532-552.

[23] Hangan H, Roberts D, Xu Z.Downburst simulations experimental and numerical challenges[C].Proceedings of the 2004 Structures Congress-Building on the Past: Securing the Future, 2004:1657-1664.

[24] 张晓荣,李勇,李涛,等.机载前视风切变雷达回波信号的一种仿真方法[J].系统仿真学报.2009,21(22):7023-7025.

[25] K Thyng.Three-dimensional hydrodynamic modelling of inland marine waters of Washington state, United states, for tidal resource and environmental impact assessment [J]. IET Renew. Power Generat, 2010,4(6): 568-578.

[26] D Hurther,U Lemmin.A correction method for turbulence measurements with a 3d acoustic Doppler velocity profiler[J]. J. Atmos. Ocean. Technol., 2001(18): 446-458.

[27] J Rubio, M A González,J Zapata.Generalized-scattering-matrix analysis of a class of finite arrays of coupled antennas by using 3-D FEM and

spherical mode expansion[J].IEEE Trans. Antennas Propag., 2005,53(3):1133-1144.

[28] C D Giovampaola, E Martini, A Toccafondi,et al. Scatterinduced feed mismatch estimate by using a generalized spherical wave matrix approach[C]. The Proc. 5th Eur. Conf. Antennas Propag., Rome, Italy, 2011:3939-3941.

[29] 简涛, 何友, 苏峰,等. 非高斯杂波协方差矩阵估计新方法[J].宇航学报,2010,31(2):495-501.

[30] F Yang,Y Rahmat-Samii. Microstrip antenna integrated with electromagnetic band-gap structures: A lowmutual coupling design for array applications[J].IEEE Trans. Antennas Propag., 2003,51(10):1261-1265.

[31] W Jiang, Y Liu, S X Gong,et al.Application of bionics in antenna radar cross section reduction[J]. IEEE Antennas Wireless Propag. Lett, 2009(8): 1275-1278.

[32] Rockwell Collins. Collins WXR-2100 Multiscan weather radar[M]. USA, 2000.

[33] Sang W Jeon, Seul Jung. Hardware-in-the-Loop Simulation for the Reaction Control System Using PWM-Based Limit Cycle Analysi[J]. IEEE Transactions on control systems technology, 2012, 20(2). 538-545.

[34] 梅江涛.基于虚拟仪器的机载气象回波信号模拟系统[D].西安:西北工业大学,2011.

[35] 刘畅,李滔,梅江涛,等.微下击暴流的三维建模与预警仿真研究[J].计算机仿真,2011,28(12):47-52.

[36] I A Vasilieva. Relationship between cross section and matrix normalization of polarized radiation scattering[J]. Optics Communications, 2008,281(15):3947-3952.

[37] E A Brandes, G Zhang, J Vivekanandan. Drop size distribution retrieval with polarimetric radar: Model and application[J]. J. Appl. Meteorol., 2004(43):461-475.

[38] Qing Cao, Mark B Yeary, Guifu Zhang. Efficient Ways to Learn Weather Radar Polarimetry [J]. IEEE Transactions on Education, 2012,55(1):58-68.

[39] K Gerilach, M. Picciolo. Airborne radar STAP using a structured covariance matrix[J]. IEEE Transactions on aerospace and electronic systems ,2003,39(1):269-181.

[40] 胡明宝, 李妙英, 贺宏兵.用综合识别法检测风廓线雷达湍流目标[J].系统工程与电子技术,2012,34 (5): 903-908.

[41] Keel B M, Baxa E G, Jr. Adaptive least square complex lattice clutter rejection filters applied to the radar detection of low altitude windshear [C]. International Conference on ASSP, 1990(3): 1469-1472.

[42] Griffiths L. An adaptive lattice structure for noise-cancelling applications[C]. IEEE International Conference on ICASSP, 1978 (3): 87-90.

[43] Friedlander B. Lattice Filters for Adaptive Processing[J]. Proc. IEEE, 1982(70): 829-867.

[44] Simon Haykin.自适应滤波器原理[M]. 郑宝玉,等,译.4 版.北京:电子工业出版社,2003.

[45] W L Melvin, M E Davis. Adaptive cancellation method for geometry-induced nonstationary bistatic clutter environments[J].IEEE ransactions on aerospace and electronic systems ,2007,43(2):651-672.

[46] Rockwell Collins. COLLINS WXR-2100 MULTISCA Weather Radar [M].USA, 2000.

[47] Charles L Britt, Carol W Kelly. User's Guide for an Airborne Doppler Weather Radar Simulation (AWDRS) [R]. Res. Triangle inst., NASA

Langley Res. Cntr., NASA, March 2002.

[48] 李超霞,李勇,程宇峰.机载前视风切变雷达杂波抑制的仿真研究[J].计算机仿真,2011,28(9):63-66.

[49] Cheong B L,Palmer R D. A time series weather radar simulator based on high-resolution atmospheric models[J].Journal of Atmospheric and Oceanic Technology, 2008, 25(2):230-243.

[50] Qing Cao,Yeary M B,Guifu Zhang.Efficient Ways to Learn Weather Radar Polarimetry[J].IEEE Transactions on Education,2012,55(1):58-68.

[51] R Palmer, M Yeary, M Biggerstaff,et.al.Weather radar education at the University of Oklahoma:An integrated interdisciplinary approach[J].Bull. Amer. Meteorol.Soc., 2009(90):1277-1282.

[52] Phillip B Chilson, Mark B Yeary. Hands-On Learning Modules for Interdisciplinary Environments: An Example With a Focus on Weather Radar Applications[J].IEEE Transactions on Education, 2012,55(2):238-247.

[53] 郭惠军,李勇,张晓平.机载前视风切变雷达 AMTI 杂波抑制技术[J].计算机仿真,2009,26(9):55-58.

[54] 张晓荣.风切变风场模拟及雷达回波建模与仿真[D].西安:西北工业大学,2009.

[55] Matyas C J. Use of ground-based radar for climate-scale studies of weather and rainfall [J]. Geography Compass, 2010, 4(9):1218-1237.

[56] M Steiner,J A Smith.Use of three-dimensional reflectivity structurefor automated detection and removal of nonprecipitating echoes in radar data[J]. J.Atmos. Ocean. Technol., 2002,19(5):673-686.

[57] D Giuli, M Gherardelli, A Freni, et al. Rainfall and clutter discrimination by means of dual-linear polarization radar measurements

[J].J.Atmos. Ocean. Technol., 1991,8(6):777-789.

[58] 岳兵, 李明, 廖桂生. 基于空时插值的机载雷达杂波距离依赖性补偿方法[J].系统工程与电子技术,2010,32 (8): 1557-1561.

[59] R B Da Silveira, A R Holt. An automatic identification of clutter and anomalous propagation in polarization-diversity weather radar data using neural networks[J].IEEE Trans. Geosci. Remote Sens., 2001,39(8): 1777-1788.

[60] Luo Wencheng. Aircraft-borne Foreward-looking wind shear weather radar signal processing engineering research [D]. Northwestern Polytechnical University Master's degree paper, xi'an, 2001.

[61] Wang Jie. The research of the airborne radar clutter suppression technology [D]. University of Electronic Science and Technology Master's degree paper ,chengdu,2006.

[62] Chen Jiabin. The analysis of antenna sidelobe lobe to airborne pulse Doppler radar ground clutter influence [J]. Modern Radar, 2001, 23(6):12-15.

[63] Wang Guoyu ,Wang Liandong. The simulation and appraisal of radar electronic warfare system mathematical[M].Beijing: Defense industry Publishing house, 2004.

[64] Geroge W. Stimson. Introduction to the airbrone radar[M]. Beijing: Electronics industry publishing house, 2005.

[65] 刘畅.机载前视风切变雷达信号处理仿真软件开发[D].西安:西北工业大学,2011.

[66] M T Chay, F Albermani, R Wilson. Numerical and analytical simulation of downburst wind loads[J].Engineering Structures, 2006(28): 240-254.

[67] Christian Moscardini, Fabrizio Berizzi, Marco Martorella, et al. Spectral Modeling of Airborne Radar Signal in Presence of Windshear

Phenomena[C]. Radar Conference, European, 2009, 533-536.

[68] David D Aalfs,Ernest G Baxa. Signal processing aspects of windshear detection[J]. Microwave Journal, 1993, 36(9):76-96.

[69] 金长江,张洪,孙庆民,等. 机载风切变系统的告警准则[J].航空学报, 1996,17(3) :282-284.

[70] Oregory P Byrd. A Quantitative method to estimate the microburst wind shear hazard to aircraft [C]. The 4th International Conference on Aviation Weather Systems, Paris, 1991.

[71] Fred Proctor.NASA wind shear model summary of model analysis[R]. USA:NASA1997:10-38.

[72] Britt C L. User Guide for an Airborne Windshear Doppler Radar Simulation (AWDRS) Program[R].Res.Triangle inst., NASA Langley Res. Cntr., NASA CR 182025, DOT/FFA/DS/90/7,1990.

[73] Matthew W Kunkel. Spectrum Modal Analysis for the Detection of Low-Altitude Windshear with Airborne Doppler Radar [R]. USA, NASA Contractor Report 4457, DOT/FAA/RD-92/21,1992.

[74] E G Baxa, Jr. Airborne Pulsed Doppler Radar Detection of Low-Altitude Windshear-A Signal Processing Problem Digital [J]. Signal Processing, 1991, 1(4): 186-197.

[75] Robert Schalkoff. Pattern Recognition: Statistical, Structural, and Neural Approaches[M]. John Wiley and Sons. New York, 1992.

[76] Vincent J Cardone, Andrew T Cox, J Arthur Greenwood,et al.Upgrade of tropical cyclone surface wind filed model[R]. USA:US Army Corps of Engineers,1994:40-102.

[77] 高霞.机载前视风切变雷达信号处理方法研究[D].西安:西北工业大学,2009.

[78] Raghavan, R S Statistical Interpretation of a Data Adaptive Clutter Subspace Estimation Algorithm[J].IEEE Transactions on Aerospace

and Electronic Systems,2012,48(2):1370-1384.

[79] Lakshmanan V,Jian Zhang,Hondl K,et al. A Statistical Approach to Mitigating Persistent Clutter in Radar Reflectivity Data[J]. IEEE Journal of Selected Topics in Applied Earth Observations and Remote Sensing,2012,5(2):652-662.

[80] 梁森.基于 LabVIEW 的风切变雷达回波信号模拟器[M].西安:西北工业大学,2010.

[81] 吴扬;姜守达. 基于嵌套粒子群算法的多涡环微下击暴流模型参数选择方法[J].电子学报,2012,40(1):204-208.

[82] S D Harrah, E M Bracalente, P R Schattner. NASA's Airborne Doppler Radar for Detection of Hazardous Wind Shear[J].Development and Flight Testing, 2002:1-17.

[83] Aubry A,DeMaio A,Farina A, et al.Knowledge-Aided (Potentially Cognitive) Transmit Signal and Receive Filter Design in Signal-Dependent Clutter[J]. Aerospace and Electronic Systems,2013,49(1):93-117.

[84] Sangston K J,Gini F,Greco M S. Coherent Radar Target Detection in Heavy-Tailed Compound-Gaussian Clutter[J].IEEE Transactions on Aerospace and Electronic Systems ,2012,48(1):64-77.

[85] Guifu Zhang, Doviak R J, Saxion D S. Scan-to-Scan Correlation of Weather Radar Signals to Identify Ground Clutter[J].IEEE,Geoscience and Remote Sensing Letters,2013,10(4):855-859.

[86] Edmund C Choi. Study of the Spatial and Temporal Distribution of Thunderstorm Downburst Wind[D]. City University of HongKong, 2007.

[87] Ollila E,Tyler D E,Koivunen V,et al. Compound-Gaussian Clutter Modeling With an Inverse Gaussian Texture Distribution[J]. IEEE Signal Processing Letters,2012,19(12):876-879.

[88] Fengzhou Dai, Hongwei Liu, Penglang Shui, et al. Adaptive Detection of Wideband Radar Range Spread Targets with Range Walking in Clutter [J]. IEEE Transactions on Aerospace and Electronic Systems, 2012, 48 (3): 2052-2064.

[89] Rockwell Collins. Collins Wxr-2100 Multisca Weather Radar [M]. USA, 2000.

[90] Chen Xiuwei, Zhang Yunhua, Zhang Xiangkun. Radar Echo Simulation System with Flexible Configuration [C]. Asian-Pacific Conference on Synthetic Aperture Radar, 2009.

[91] Tianxian Zhang, Guolong Cui, et al. Phase-Modulated Waveform Evaluation and Selection Strategy in Compound-Gaussian Clutter [J]. IEEE Transactions on Signal Processing, 2013, 61(5): 1143-1148.

[92] Captain Todd B Hale. Airborne Radar Interference Suppression Using Adaptive Three-Dimensional Techniques [R]. Air Force Research Laboratory. Tech. Report:, 2002.

[93] Josh H, Fabricio R B, Alejandro C. Modeling of the Dynamic Plasma Pinch in Plasma Focus Discharges Based in Von Karman Approximations [J]. IEEE Trans. on Plasma Science, 2009, 37(11): 2178-2185.

[94] Nicola D D. Steady homogeneous turbulence in the presence of an average velocity gradient [J]. International Journal of Engineering Science, 2012(51): 74-89.

[95] Hui M C H, Larsen A, Xiang H F. Wind turbulence characteristics study at the Stonecutters Bridge site: Part Ⅱ: Wind power spectra, integral length scales and coherences [J]. Journal of Wind Engineering and Industrial Aerodynamics, 2009(97): 48-59.

[96] 刘向阳,周争光,廖桂生,等.一种基于回波数据的机载雷达通道均衡的方法[J].电子学报,2009,37(3):658-663.

[97] Danaila L, Antonia R A, Burattini P. Comparison between kinetic

energy and passive scalar energy transfer in locally homogeneous isotropic turbulence [J]. Nonlinear Phenomena: Physica D, 2012 (241):224-231.

[98] Ozono S, Nishi A, Miyagi H. Turbulence generated by a wind tunnel of multi-fan type in uniformly active and quasi-grid modes[J]. Journal of Wind Engineering and Industrial Aerodynamics, 2006(94):225-240.

[99] Christopher J R, Frederick G B. Review and assessment of turbulence models for hypersonic flows[J]. Progress in Aerospace Sciences, 2006 (42):469-530.

[100] Consortini A, Innocenti C, Paoli G. Estimate method for outer scale of atmospheric turbulence [J]. Optics Communications, 2002 (214): 9-14.

[101] 焦中生,沈超玲,张云.气象雷达原理[M].北京:气象出版社, 2005:78-85.

[102] 李忱,张越.偏振多普勒天气雷达原理和应用[M].北京:气象出版社,2010:120-125.

[103] 胡明宝.天气雷达探测与应用[M]. 北京:气象出版社,2007: 210-226.

[104] Antoine L. Langevin equation of big structure dynamics in turbulence: Landau's invariant in the decay of homogeneous isotropic turbulence [J]. European Journal of Mechanics B/Fluids, 2011(30):480-504.

[105] Kevin D L. Higher Moment Estimation for Shallow-Water Reverberation Prediction[J]. IEEE Journal of oceanic engineering, 2010, 35(2): 185-198.

[106] Chatzidiamantis N D, Harilaos G S, George K K, et al. Inverse Gaussian Modeling of Turbulence-Induced Fading in Free-Space Optical Systems[J]. Journal of lightwave technology, 2011, 29(10): 1590-1596.

[107] Ronen R, Arkadi Z, Arkadi A. Computer Backplane With Free Space Optical Links: Air Turbulence Effects [J]. Journal of lightwave technology,2012,30(1):156-162.

[108] Gonzalez J J, Pierre F, Frank R,et al. Turbulence and Magnetic Field Calculations in High-Voltage Circuit Breakers [J]. IEEE Trans. on Plasma Science,2012,40(3):936-945.

[109] Gao Z X,Gu H B.Generation and Application of Spatial Atmospheric Turbulence Field in Flight Simulation[J].Journal of Aeronautics,2009 (22):9-17.

[110] Woods S. Optical depolarization from turbulent convective flow[D]. USA,Miami: University of Miami, 2010.

[111] 徐群玉,宁焕生,陈唯实,等.气象雷达在民航安全中的应用研究[J].电子学报,2010,38(9) :2147-2151.

[112] Sandalidis H G, Tsiftsis T A, Karagiannidis G K, et al. BER performance of FSO links over strong atmospheric turbulence channels with pointing errors[J].IEEE Communications Letters,2008,12 (1): 44-46.

[113] Ligthart L P,Yanovsky F J, Prokopenko I G.Adaptive Algorithms for Radar Detection of Turbulent Zones in Clouds and Precipitation[J]. IEEE Transactions on aerospace and electronic systems, 2003, 39 (1):357-367.

[114] Dias J M B,Leitao J M N.Nonparametric estimation of mean Doppler and spectral width[J].IEEE Transactions on Geoscience and Remote Sensing, 2000,38(1):271-282.

[115] Yanovsky F J, Russchenberg H W J, Unal C M H. Retrieval of Information about Turbulence in Rain by Using Doppler-Polarimetric Radar[J].IEEE Transactions on Microwave Theory and Techniques, 2005, 53 (2):444-450.

[116] Yanovsky F, Unal C, Russchenberg H. Doppler-polarimetric radar observations of turbulence in rain[R].U.S. Scientific Report,2003.

[117] Mazura I V, Yanovsky F J. Modeling of Relationship between Differential Doppler Velocity and Turbulence[J].Telecommunication and Radio Engineering,2007,66(12):1113-1121.

[118] Yanovsky F J, Russchenberg H W J, Unal C M H. Retrieval of information about turbulence in rain by using Doppler-polarimetric-radar[J].IEEE Transactions on Microwave Theory and Techniques, 2005,53 (2):444-450.

[119] Mazur I V, Yanovsky F J. Differential Doppler velocity: Radar parameter for estimating turbulence intensity[J].Telecommunications and Radio Engineering,2006,65(11):1371-1379.

[120] Ostrovsky Y P, Yanovsky F J, Rohling H. Turbulence and precipitation classification based on Doppler-polarimetric radar data[C]. Proc. of Microwave and Radar Week. Warsaw: IEEE Press, 2006:1-4.

[121] Unal C M H, Moisseev D N, Yanovsky F J, et al. Radar Doppler polarimetry applied to precipitation measurements: Introduction of the spectral differential reflectivity[C]. Proc. of the 30th International Conference on Radar Meteorology. Germany: IEEE Press, 2001: 316-318.

[122] Thuilliez H, Kemkemian S. Fine Air Turbulence Characterization by Airborne Weather Radar[C]. Proc. of Radar Conference, Bordeaux: IEEE Press, 2009:1-6.

[123] 向聪,冯大政,和洁.机载雷达三维空时两级降维自适应处理[J].电子与信息学报,2010,32(8):1869-1873.

[124] Oreifej Omar, Li Xin, Shah, Mubarak.Simultaneous Video Stabilization and Moving Object Detection in Turbulence[J]. IEEE Transactions on Pattern Analysis and Machine Intelligence, 2013,35(2):450-462.

[125] S W Jeon, S Jung. Novel analysis of limit cycle for PWM signal of PD control system[J]. IEICE Electron. Expr., 2009, 6(11): 787-793.

[126] Gao Z X, Gu H B. Generation and application of spatial atmospheric turbulence field in flight simulation [J]. Journal of Aeronautics, 2009, 22(1): 9-17.

[127] Y Moryossef, Y Levy. Unconditionally positive implicit procedure for two-equation turbulence models: Application to $k-\varepsilon$ turbulence models[J]. Journal of computer physics, 2006: 88-108.

[128] Murphy, Jason C. A Novel Approach to Turbulence Stimulation for Ship-Model Testing [R]. U.S, Naval Academy Annapolis MD, 2010: 50-76.

[129] Samy M Behery, Mofreh H Hamed. A comparative study of turbulence models performance for separating flow in a planar asymmetric diffuser [J]. Computers & Fluids, 2011(44): 248-257.

[130] B Carpentieri, I S Duff, L Griud, et al. Combing fast multipole techniques and an approximate inverse preconditioner for large electromagnetism calculations[J]. SIAM J. Sci. Comput., 2005, 27(3): 774-792.

[131] Charles L Britt, Carol W Kelly. User's Guide for an Airborne Doppler Weather Radar Simulation (AWDRS) [R]. Res. Triangle inst., NASA Langley Res. Cntr., NASA CR 182025, DOT/FFA/DS/90/7, March 2002.

[132] D H Chambers. Analysis of the time-reversal operator for scatterersof finite size[J]. Journal of Acoust. Soc. Amer., 2002, 112(2): 411-419.

[133] Kiriazi J E, Boric-Lubecke O, Lubecke V M. Dual-Frequency Technique for Assessment of Cardiopulmonary Effective RCS and Displacement[J]. IEEE Sensors Journal, 2012, 13(3): 574-582.

[134] R J Burkholder. A fast and rapidly convergent iterative physical optics algorithm for computing the RCS of open-ended cavities [J]. Appl.

Computational Electromagn.Soc. J., 2001,16(1):53-60.

[135] Mir H S,Carlson B D.On the Definition of Radar Range Resolution for Targets of Greatly Differing RCS [J]. IEEE Transactions on Instrumentation and Measurement, 2012,61(3):655-663.

[136] B Stupfel. A hybrid finite element and integral equation domain decomposition method for the solution of the 3-D scattering problem [J].J.Comp. Phys., 2001,172(2):451-471.

[137] H Ammari,G G Bao, A W Wood.An integral equation method for the electromagnetic scattering from cavities[J].Math. Methods Appl.Sci., 2000,23(12):1057-1072.

[138] J Liu, J M Jin. A special higher order finite-element method for scattering by deep cavities[J].IEEE Trans. Antennas Propag., 2000, 48(5): 694-703.

[139] V N Bringing,V Chandrasekar. Polarmetric Doppler Weather Radar; Principles and Applications[M]. United Kingdom,Cambridge Press, 2001:151-163.

[140] 刑孟道,王彤,李真芳.雷达信号处理基础[M].北京:电子工业出版社,2008:233-247.

[141] 朱国富,黄晓涛,黎向阳,等.雷达系统设计[M].北京:电子工业出版社,2009:192-203.

[142] C Cadieu, et al.A model of V4 shape selectivity and invariance[J]. Journal of Neurophysiology ,2007(98):1733-1750.

[143] Yue C, Shou S, Li X. Water vapor, cloud, surface rainfall budgets associated with the landfall of Typhoon Krosa: a two-dimensional cloud-resolving modeling study [J]. Adv. Atmos. Sci. 2009 (26): 1198-1208.

[144] Kim J, Hangan H. Numerical simulations of impinging jets with application to thunderstorm downbursts[J]. Journal of Wind Engin-

eering and Industrial Aerodynamics,2007(95):279-298.

[145] Lin W E,Orf L G,Savory E,et al. Proposed large-scale modelling of the transient features of a downburst[J]. Wind and Structures,2007(10):315-346.

[146] Mason M, Wood G, Fletcher D.Numerical simulation of downburst winds[J].Journal of Wind Engineering and Industrial Aerodynamics, 2009(97):523-539.

[147] Zhu Xiang,Milanfar,Peyman.Removing Atmospheric Turbulence via Space-Invariant Deconvolution [J]. IEEE Transactions on Pattern Analysis and Machine Intelligence, 2013,35(1):157-170.

[148] Xu Z,Hangan H. Scale, boundary and inlet condition effects on impinging jets [J]. Journal of Wind Engineering and Industrial Aerodynamics,2008(96):2383-2402.

[149] Gant S E.Reliability issues of LES-related approaches in an industrial context[J].Flow,Turbulence and Combustion,2009(84): 325-335.

[150] Matthew S Mason, Graeme S Wood, David F Fletcher. Numerical simulation of downburst winds[J]. Journal of Wind Engineering and Industrial Aerodynamics, 97(11), December 2009:523-539.

[151] Sengupta A,Sarkar P P.Experimental measurement and numerical simulation of an impinging jet with application to thunderstorm microburst winds [J]. Journal of Wind Engineering and Industrial Aerodynamics,2008(96):345-365.

[152] Mason M,Wood G, Fletcher D. Numerical simulation of downburst winds[J]. Journal of Wind Engineering and Industrial Aerodynamics, 2009(97):523-539.

[153] Kim J, Hangan H, Numerical simulations of impinging jets with application to thunderstorm downbursts[J]. Journal of Wind Engineering and Industrial Aerodynamics, 2007(95):279-298.

[154] Xu Z, Hangan H. Scale, boundary and inlet condition effects on impinging jets [J]. Journal of Wind Engineering and Industrial Aerodynamics,2008(96):2383-2402.

[155] 秦娟，吴仁彪，苏志刚，等. 基于地形可视性分析的气象雷达地杂波剔除方法[J].电子与信息学报，2012，34(2):351-355.

[156] Y Chen, J S Hesthaven, Y Maday J. Rodríguez, Certified reduced basis methods and output bounds for the harmonic Maxwell's equations[J].SIAM J. Sci. Comput,2010,32(2):970-996.

[157] M Fares, J S Hesthaven, Y Maday,et al.The reduced basis method for the electric field integral equation[J].J. Comput. Phys. 2011,230(14):5532-5555.

[158] J Pomplun, F Schmidt.Accelerated a posteriori error estimation for the reduced basis method with application to 3D electromagnetic scattering problems[J].SIAM J. Sci. Comput,2010,32(2):498-520.

[159] Rico-Ramirez M A, Cluckie I D. Classification of ground clutter and anomalous propagation using dual-polarization weather radar [J]. IEEE Trans. Geosci. Remote. Sens. 2008(46):1892-1904.

[160] Park H,Ryzhkov A V,Zrni D S,et al. The hydrometeor classification algorithm for the polarimetric WSR-88D: description and application to an MCS[J]. Weather. Forecast. 2009(24):730-748.

[161] Snyder J C, Bluestein H B, et al. Attenuation Correction and Hydrometeor Classification of High-Resolution, X-band. Dual-Polarized Mobile Radar Measurements in Severe Convective Storms[J].J. Atmos. Oceanic Technol,2010(27):1979-2001.

[162] Dolan B, Rutledge S A. A theory-based hydrometeor identification algorithm for X-band polarimetric radars [J]. J. Atmos. Oceanic Technol,2009(26):2071-2088.

[163] Mouche A A, Chapron B, Reul N, et al. Predicted Doppler shifts

induced by ocean surface wave displacements using asymptotic electromagnetic wave scattering theories[J].Waves in Random and Complex Media,2008,18(1),185-196.

[164] S T Frandsen.Turbulence and turbulence-generated structural loading in wind turbine clusters[D].Ph.D. dissertation, Wind Energy Dept., Tech. Univ. Denmark, Kgs. Lyngby, Denmark, 2007.

[165] Thomas R,Christian B,Pierre M,et al. Generation of correlated stress time histories from continuous turbulence Power Spectral Density for fatigue analysis of aircraft structures[J]. International Journal of Fatigue,2012(42):147-152.

[166] C L Britt, L H Crittenden, S D Harrah. Microburst Hazard Detection Performance of the NASA Experimental[J].Windshear Radar System, 1990:1-17.

[167] Bernard widrow, John M Mccool, Michale G larimore, et al. Stationary and Nonstationary Characteristics of LMS Adaptive Filters[J]. Proc. IEEE, 1976(64): 1151-1162.

[168] Bernard widrow, Eugene Walach. On the Statistical Efficiency of the LMS Algorithm with Nonstationary Inputs[J]. IEEE Trans. on Information Theory, 1984, 30(2): 211-221.

[169] Baxa E G, Jr., Lai Y C, Kunkel M W. New Signal Processing Developments In the Detection of Low-Altitude Windshear with Airborne Doppler Radar[C]. Record of IEEE National Radar Conference, Boston, April 1993: 269-274.

[170] E Martini, G Carli,S Maci.A domain decomposition method based on a generalized scattering matrix formalism and a complex source expansion[J].Progress Electromagn. Res. B, 2010(19):445-473.

[171] A Dogan. Modified guidance laws to escape microbursts with turbulence[J].Mathematical Problems in Engineering ,2002(8):43-67.

[172] 李方伟,张洁.一种新的变步长 LMS 自适应滤波算法及其仿真[J].重庆邮电大学学报,2009,21(5):591-594.

[173] F J Valero, V Mata, A Besa.Trajectory planning in workspaces with obstacles taking into account the dynamic robot behaviour[J]. Mechanism and Machine Theory ,2006(41):525-536.

[174] Lin N, Holmes J D, Letchford C W.Trajectories of wind-borne debris in horizontal winds and applications to impact testing[J].Journal of Structural Engineering,2007,133 (2), 274-282.

[175] Kordi B, Traczuk G, Kopp G A. Effects of wind direction on the flight trajectories of roof sheathing panels under high winds[J].Wind and Structures,2010,13 (2), 145-167.

[176] Ebubekir Firtin, Onder Guler, Seyit Ahmet Akdag. Investigation of wind shear coefficients and their effect on electrical energy generation [J].Applied Energy,2011(88):4097-4105.

[177] Caijun Yue, Shaowen Shou.Responses of precipitation to vertical wind shear, radiation, and ice clouds during the landfall of Typhoon Krosa [J].Atmospheric Research,2011(99):344-352.

[178] 白健,李勇,高霞,等.基于 Prony 模型的低空风切变快速检测算法[J].计算机测量与控制.2009,17(10):1889-1891.

[179] Holmes J D .Trajectories of spheres in strong winds with application to wind-borne debris[J]. Journal of Wind Engineering and Industrial Aerodynamics,2004(92): 9-22.

[180] Vergara-Dominguez L.Analysis of the digital MTI filter with random PRI[J].Radar and Signal Processing, 1993,140(2):129-137.

[181] Goy P,Vincent F, Tourneret J.Clutter rejection for MTI radar using a single antenna and a long integration time[C].IEEE International Workshop on Computational Advances in Multi-Sensor Adaptive Processing (CAMSAP), France ,2011:389-392.

[182] Chunlin Tang, Xuegang Wang. Effect of range ambiguity on space based AMTI clutter suppression and mitigation method. International Conference on Communications [J]. Circuits and Systems, 2009: 516-520.

[183] M T Chay, F Albermani, R Wilson. Numerical and analytical simulation of downburst wind loads[J]. Engineering Structures, 2006 (28): 240-254.

[184] Matthew S Mason, Graeme S Wood, David F. Fletcher. Numerical simulation of downburst winds[J]. Journal of Wind Engineering and Industrial Aerodynamics, 2009(97):523-539.

[185] Seid H Pourtakdoust, M Kiani A. Hassanpour. Optimal trajectory planning for flight through microburst wind shears [J]. Aerospace Science and Technology, 2011(15):567-576.

[186] Oreifej O, Xin-Li, Shah M. Simultaneous Video Stabilization and Moving Object Detection in Turbulence [J]. IEEE Transactions on Pattern Analysis and Machine Intelligence, 2013, 35(2):450-462.

[187] Treib M Burger K, Reichl F, et al. Turbulence-Visualization at the Terascale on Desktop PCs [J]. IEEE Transactions on Visualization and Computer Graphics, 2012, 18(2):2169-2177.

[188] Gil E, Laguna P, Martinez J P, et al. Heart Rate Turbulence Analysis Based on Photoplethysmography [J]. IEEE Transactions on Biomedical Engineering, 2013, 60(11):3149-3155.

[189] Gibson K B, Nguyen T Q. An Analysis and Method for Contrast Enhancement Turbulence Mitigation [J]. IEEE Transactions on Image Processing, 2014, 23(7):3179-3190.

[190] Xuan Tang, Zhaocheng Wang, Zhengyuan Xu, et al. Multihop Free-Space Optical Communications Over Turbulence Channels with Pointing Errors using Heterodyne Detection [J]. Journal of Lightwave

Technology, 2014, 32(15): 2597-2604.

[191] Rajbhandari S, Ghassemlooy Z, Haigh P A, et al. Experimental Error Performance of Modulation Schemes Under a Controlled Laboratory Turbulence FSO Channel [J]. Journal of Lightwave Technology, 2015, 33(1): 244-250.

[192] Pham H T T, Dang N T, Pham A T. Effects of atmospheric turbulence and misalignment fading on performance of serial-relaying M-ary pulse-position modulation free-space optical systems with partially coherent Gaussian beam [J]. IET Communications, 2014, 8(10): 1762-1768.

[193] Puryear A L, Shapiro J H, Parenti R R. Reciprocity-enhanced optical communication through atmospheric turbulence—Part II: Communication architectures and performance [J]. IEEE/OSA Journal of Optical Communications and Networking, 2013, 5(8): 888-900.

[194] Kaur P, Jain V K, Kar S. Performance Analysis of FSO Array Receivers in Presence of Atmospheric Turbulence [J]. IEEE Photonics Technology Letters, 2014, 26(2): 1165-1168.

[195] Xuegui Song, Fan Yang, Julian Cheng, et al. BER of Subcarrier MPSK and MDPSK Systems in Atmospheric Turbulence [J]. Journal of Lightwave, 2015, 33(1): 161-170.

[196] Vu B T, Dang N T, Thang T C, et al. Bit error rate analysis of rectangular QAM/FSO systems using an APD receiver over atmospheric turbulence channels [J]. IEEE/OSA Journal of Optical Communications and Networking, 2013, 5(5): 437-446.

[197] Katherine McCaffrey, Baylor Fox-Kemper, Peter E, et al. Characterization of turbulence anisotropy, coherence, and intermittency at a prospective tidal energy. site: Observational data analysis [J]. Renewable Energy, 2015, 76(4): 441-453.

[198] Susumu G,J C Vassilicos.Energy dissipation and flux laws for unsteady turbulence.Physics Letters A, 2015,379(16):1144-1148.

[199] Philippe R,Spalart.Philosophies and fallacies in turbulence modeling [J].Progress in Aerospace Sciences, 2015(74):1-15.

[200] Y Li, A M Castro, T Sinokrot, et al. Coupled multi-body dynamics and CFD for wind turbine simulation including explicit wind turbulence [J].Renewable Energy, 2015,76(4): 338-361.

[201] V Raj Mohan, D C Haworth. Turbulence-chemistry interactions in a heavy-duty compression-ignition engine.Proceedings of the Combustion Institute,2015, 35(3):3053-3060.

[202] J. Shinjo J Xia, A Umemura. Droplet/ligament modulation of local small-scale turbulence and scalar mixing in a dense fuel spray. Proceedings of the Combustion Institute, 2015,35(2):1595-1602.

[203] K Prabu, D Sriram Kumar, MIMO free-space optical communication employing coherent BPOLSK modulation in atmospheric optical turbulence channel with pointing errors [J]. Optics Communications, 2015, 343(15):188-194.

[204] Erhan Pulat, Hifzi Arda Ersan. Numerical simulation of turbulent airflow in a ventilated room: Inlet turbulence parameters and solution multiplicity [J].Energy and Buildings,2015,93(15):227-235.

[205] Andreas Engelen, Susanne Schmidt, Michael Buchsteiner. The Simultaneous Influence of National Culture and Market Turbulence on Entrepreneurial Orientation: A Nine-country Study [J]. Journal of International Management,2015,21(7):18-30.

[206] Xiaoyang Liu, Yong Li, Chengyu Feng. Simulation and analysis of turbulence signals in airborne pulse Doppler radar.Systems engineering and electronics, 2015,21(1):18-30.

[207] Xiaoyang Liu, Yong Li. Turbulence signal processing in the airborne

weather radar [J]. International Journal of Advancements in Computing Technology, 2013, 34(5): 816-824.

[208] Yong Li, Xiaoyang Liu, Chengyu Feng. Three dimensional turbulent flow formation and simulation analysis in airborne radar [J]. Systemsengineering and electronics, 2013, 35(6): 1193-1198.

[209] Paolo Orlandi, Sergio Pirozzoli, Matteo Bernardin, et al. A minimal flow unit for the study of turbulence with passive scalars. Journal of Turbulence, 2014, 15(2): 731-751.

[210] L Djenidi, S F Tardu, R A Antonia, et al. Breakdown of Kolmogorov's first similarity hypothesis in grid turbulence. Journal of Turbulence, 2014, 15(3): 596-610.

[211] Xiaoyang Liu, Chao Liu, Wanping Liu. Wind Shear Target Echo Modeling and Simulation [J]. Discrete Dynamics in Nature and Society, 2015(4): 1-6.

[212] Ugur Cakir, Ertugrul Kargi, Hakan Sarman, et al. Impact of Diabetic Foot on Selected Psychological or Social Characteristics[J]. Journal of Diabetes Research, 2014(8): 2-9.

[213] Pulat E, Ersan H A. Numerical simulation of turbulent airflow in a ventilated room: Inlet turbulence parameters and solution multiplicity [J]. Energ Buildings, 2015, 93(15): 227.

[214] Gibson K B, Nguyen T Q. An analysis and method for contrast enhancement turbulence mitigation [J]. IEEE T Image Process, 2014, 23(7): 3179-3190.

[215] Puryear A L, Shapiro J H, Parenti R R. Reciprocity-enhanced optical communication through atmospheric turbulence-Part II: Communication architectures and performance [J]. J Opt Commun Netw, 2013, 5(8): 888-895.

[216] Oreifej O, Li X, Shah M. Simultaneous video stabilization and moving

object detection in turbulence[J].IEEE T Pattern Anal,2013,32(5):450-462.

[217] 刘式达,付遵涛,刘式适.间歇湍流的分数阶动力学[J].物理学报,2014,63(7):202-205.

[218] Xuan T, Zhao C W, Zheng Y X. Multihop free-space optical communications over turbulence channels with pointing errors using heterodyne detection[J]. J Lightwave Technol, 2014 , 32(15):2597-2604.

[219] Zuo Y, Wu J, Hou F X, et al. Non-line-of-sight ultraviolet communication performance in atmospheric turbulence[J]. China Commun, 2013,10(11):52.

[220] Ke W, Nirmalathas A, Lim C, et al. Performance of high-speed reconfigurable free-space card-to-card optical interconnects under air turbulence [J].J Lightwave Technol,2013,31(11):1687-1693.

[221] Soguero-Ruiz C,Lechuga-Suarez L,Mora-Jimenez I,et al.Ontology for heart rate turbulence domain from the conceptual model of Snomed-ct [J].IEEE T Bio-med Eng,2013,60(7):1825-1833.

[222] 李成强,张合勇,王挺峰,等.高斯-谢尔模光束在大气湍流中传输的相干特性研究[J].物理学报,2013,62(22):224203-224210.

[223] Xuan T,Zheng Y X,Ghassemlooy Z.Coherent polarization modulated transmission through MIMO atmospheric optical turbulence channel [J]. J Lightwave Technol,2013,31(20):3221-3228.

[224] Vu B T, Dang N T, Thang T C, et al. Bit error rate analysis of rectangular QAM/FSO systems using an APD receiver over atmospheric turbulence channels[J]. J Opt Commun Netw, 2013, 5(5):437-446.

[225] Kaur P,Jain V K,Kar S. Performance analysis of FSO array receivers in presence of atmospheric turbulence[J]. IEEE Photonic Techl,

2014,26(12):1165.

[226] 刘志芳,李健.低采样率非线性随机共振微弱信号检测[J].四川大学学报:自然科学版,2015,52(6):1267-1273.

[227] Benkhelifa F,Rezki Z,Alouini M. Low SNR capacity of FSO links over Gamma-Gamma atmospheric turbulence channels[J].IEEE Commun Lett, 2013,17(6):1264-1267.

[228] Aladeloba A O,Woolfson M S,Phillips A J. WDM FSO network with turbulence-accentuated interchannel crosstalk [J]. J Opt Commun Netw,2013,5(6):641-651.

[229] Xiang Z, Milanfar P. Removing atmospheric turbulence via space-invariant deconvolution[J]. IEEE T Pattern Anal, 2013, 35(1): 157-170.

[230] Greene A D,Hendricks P J. Turbulent wake of a bridge pier in a tidal current [J]. IEEE J Oceanic Eng, 2014,39(2):276-289.

[231] Prabu K, Kumar D S. MIMO free-space optical communication employing coherent BPOLSK modulation in atmospheric optical turbulence channel with pointing errors[J].Opt Commun ,2015, 343 (15):188-194.

[232] Vachirasricirikul S,Ngamroo I. Robust LFC in a smart grid with wind power penetration by coordinated V2G control and frequency controller [J]. IEEE T Smart Grid, 2014,5(1):372-380.

[233] Engelen A, Schmidt S, Buchsteiner M.The simultaneous influence of national culture and market turbulence on entrepreneurial orientation: a nine-country study[J].J Int Manag,2015,21(1):18-30.